Sascha Esser
Oliver Drewes

DAS JEMEN-CHAMÄLEON

Chamaeleo calyptratus

Esser, Sascha:
DAS JEMENCHAMÄLEON / Sascha Esser; Oliver Drewes
Meckenheim: VIVARIA Verlag 2009
ISBN 978-3-9810412-8-6

Die Verwertung von Texten, insbesondere die Vervielfältigung, Übersetzung und Mikroverfilmung, ist auch auszugsweise ohne Zustimmung des Verlages verboten. Ohne schriftliche Genehmigung des Verlages ist es nicht gestattet, Abbildungen dieses Buches zu scannen, zu speichern, am Computer zu verändern oder zusammen mit anderen Bildvorlagen zu manipulieren.

Die Ratschläge und Anleitungen in diesem Buch wurden vom Autor nach bestem Wissen niedergeschrieben und vom Verlag und seinen Beauftragten sorgfältig geprüft. Dennoch kann eine Garantie nicht übernommen werden. Eine Haftung des Autors beziehungsweise des Verlages und seiner Beauftragten für Personen-, Sach- und Vermögensschäden ist ausgeschlossen. Ausgeschlossen ist ebenso die Haftung für Schäden, die aus der Verwendung von in diesem Buch empfohlenen Produkten resultieren könnten.

Gestaltung: Oliver Drewes, 53340 Meckenheim
Zeichnungen: Vogelsang Werbegrafik, 53127 Bonn
Lektorat: Wort & Text, 40235 Düsseldorf
Herstellung: Oliver Drewes, 53340 Meckenheim

Printed in Poland
ISBN 978-3-9810412-8-6

Verlag für Heimtierliteratur
www.vivaria-verlag.de

VORWORT

Unter den in menschlicher Obhut gepflegten Reptilien zählen Chamäleons wohl durch ihre Farbwechselfähigkeit zu den attraktivsten, durch ihre unabhängig bewegbaren Augen und ihre einzigartige Schleuderzunge zu den faszinierendsten Tieren. Knapp 160 Jahre sind vergangen, seit man begonnen hat, Chamäleons in Terrarien zu halten und zu beobachten (MASURAT 2000). Lange eilte ihnen der Ruf voraus, sie seien schwer zu halten. Erst in den letzten Jahrzehnten konnten mehr und mehr Arten über einen längeren Zeitraum erfolgreich gehalten und auch nachgezüchtet werden. Heute zählt das erst seit den 1980er Jahren (FRITZ & SCHÄTTI 1987) in Menschenobhut gepflegte, doch eher robuste Jemenchamäleon wohl zu den am häufigsten gehaltenen und gezüchteten Chamäleons überhaupt (NECAS 2004), und so fehlt es in keinem gut sortierten Fachhandel.

Durch seine berufliche Tätigkeit als Tierpfleger des Forschungsmuseums Koenig in Bonn ist es Sascha Esser möglich, viele Beobachtungen bei der Haltung, Nachzucht und Inkubation dieser interessanten Terrarienbewohner zu machen. In diesem Buch sind – ergänzt von Oliver Drewes – die von Sascha Esser in den letzten Jahren gesammelten Daten, mündlich weitergegebenen Beobachtungen anderer Halter und bereits publizierte Informationen zusammengefasst.

Die Autoren würden sich freuen, wenn andere Halter von den Erkenntnissen aus diesem Buch profitieren würden und die erfolgreiche Haltung und Zucht von *Chamaeleo calyptratus* weiter zunimmt.

Sascha Esser / Oliver Drewes
Bonn, im August 2009

INHALTSVERZEICHNIS

FAMILIE & GATTUNG

Evolutionsbiologisch ist die Familie der Chamäleons mit der Familie der Agamen und Leguane verwandt. Chamäleons haben sich aber an ihr Leben, das sich hauptsächlich auf Bäumen und Sträuchern abspielt, so-wie an ihre Jagdgewohnheiten anatomisch speziell angepasst. Die Familie der Chamäleons wird derzeit in die Unterfamilie *Brookesiinae*, Erd- oder Stummelschwanzchamäleons, mit drei Gattungen und etwa 42 Arten, sowie die Unterfamilie *Chamaeleonidae*, Echte Chamäleons, mit sechs Gattungen und ungefähr 136 Arten, unterschieden (LUTZMANN, schriftliche Mitteilung). Obwohl Jemenchamäleons aus den verschiedenen Verbreitungsgebieten sehr variabel gefärbt sind und sich auch in der Größe sehr unterscheiden, handelt es sich hierbei bisher wissenschaftlich anerkannt um nur eine einzige Art. Die Erstbeschreibung fand laut KLAVER & BÖHME (1997) durch C. DUMÉRIL und G. BIBRON statt. NECAS (2004) weist darauf hin, dass selbst in der neueren Literatur noch eine falsche Autorenschaft angegeben wird. Die Erstbeschreibung erfolgte nämlich nach KLAVER & BÖHME (1997) innerhalb einer größeren Publikation, aus der falsch zitiert und in der die Namen der beiden Erstbeschreiber übersehen wurden. Die Systematik wurde zuletzt intensiv von HILLENIUS & GASPARETTI (1984) bearbeitet, doch ist dieses Thema LUTZMANN (2007b) zufolge immer noch nicht endgültig geklärt. Bei der im Jahre 1870 von Peters beschriebenen angeblichen Art *Chamaeleo calcarifer*, die GASPARETTI (1984) als Unterart *Chamaeleo calyptratus calcarifer* ansieht, handelt es sich wohl in Wirklichkeit um einen Artbastard mit *Chamaeleo arabicus* (KLAVER & BÖHME 1997, NECAS 2004). Auch im Terrarium verbastardisieren sich diese beiden Arten und sind sogar über mehrere Generationen fortpflanzungsfähig.

VERBREITUNG & LEBENSRAUM

Der Lebensraum der Chamäleons erstreckt sich von Südasien (Sri Lanka, West-Indien & Süd-Pakistan) über Teile der arabischen Halbinsel, des südlichen Mittelmeerraumes und Afrika bis Madagaskar und angrenzende Inseln. Wie der Name Jemenchamäleon bereits vermuten lässt, kommt das *Chamaeleo calyptratus* vor allem in der Arabischen Republik Jemen vor. Das Verbreitungsgebiet liegt auf dem südwestlichen Teil der Arabischen Halbinsel. Es reicht von der Asir-Provinz in Saudi Arabien bis nach Aden im Jemen (J.P. FRITZ & F. SCHÜTTE 1987). LUTZMANN (2007b) hat Grund zu der Annahme, dass in der Region von Taif Jemenchamäleons verbreitet sind, was den bisher nördlichsten Fundort darstellen würde. Über den Originalfundort (Terra typica) herrschte in der Literatur einige Verwirrung. Nach HILLENIUS & GASPARETTI (1984) sowie SCHÄTTI (1989) fand die Erstbeschreibung anhand eines von P.E. BOTTA 1836 von einer Jemenreise mitgebrachten Exemplars statt und beschränkt sich auf die Region Taizz. Die Verwirrung ist ausführlicher bei LUTZMANN (2007b) beschrieben. In den wenigen veröffentlichten Informationen zu ihren vielgestaltigen Lebensräumen und deren Vegetation gibt es unterschiedliche Angaben darüber, in welchen Höhen sich Jemenchamäleons auf Bäumen aufhalten (LUTZMANN 2007b). Nach MEERMANN & BOOMSMA (1987) halten sich die Tiere hoch, nach SCHÄTTI (1989) in 100-200 cm, nach FRITZ & SCHÜTTE (1987) in 20-120 cm Höhe auf. Ihr ursprüngliches Habitat ist ein regenreiches, in 1000 bis 2500 m Höhe gelegenes (SCHÄTTI 1989), sehr großes, lang gestrecktes Wadi, welches von 2900 Meter hohen Bergzügen umrahmt wird. Hier herrscht ein subtropisch bis tropisches Klima. Der etwa 2000 mm hohe Niederschlag im Jahr erstreckt sich auf zwei Regenzeiten, eine kurze im Frühjahr und eine lange im Sommer. Selbst in den trockenen Monaten fallen noch 50 mm Niederschlag (NECAS 2004). Außer in hauptsächlich stark bewachsenen Lebensräumen findet man die Chamäleons auch in Biotopen mit etwas spärlicherer Vegetation oder in Kulturlandschaften. Auch trockenere Gebiete mit auffallend kalten Nächten, die oftmals an die Frostgrenze heranreichen, werden bewohnt (SCHMIDT 1999). Die besiedelten natürlichen Lebensräume zeichnen sich durch eine starke nächtliche Temperaturabsenkung von bis zu 15 Grad aus. Durch Menschen mehr oder weniger bewusst ausgesetzt, hat das Jemenchamäleon in letzter Zeit

CHAMAELEO CALYPTRATUS

neue, nicht natürliche Verbreitungsgebiete besiedelt. So hat sich die Art in Teilen Floridas etabliert (DOST 2000) und auf Maui/Hawaii so stark vermehrt, dass sie wohl nicht mehr ausgerottet werden kann (HURLEY 2004). Da *Chamaeleo calyptratus* ein für Chamäleons recht anspruchsloses Wesen haben, sind in Zukunft weitere Faunenverfälschungen zu befürchten. Die meisten im Terrarium gepflegten Tiere sind wahrscheinlich Mischlinge aus den verschiedenen bekannten Verbreitungsgebieten. Im Herkunftsgebiet kommt das Jemenchamäleon sympathisch mit *Chamaeleo ch. orientalis* (PARKER 1938) vor. Mit dieser Art sind keine Artbastarde bekannt.

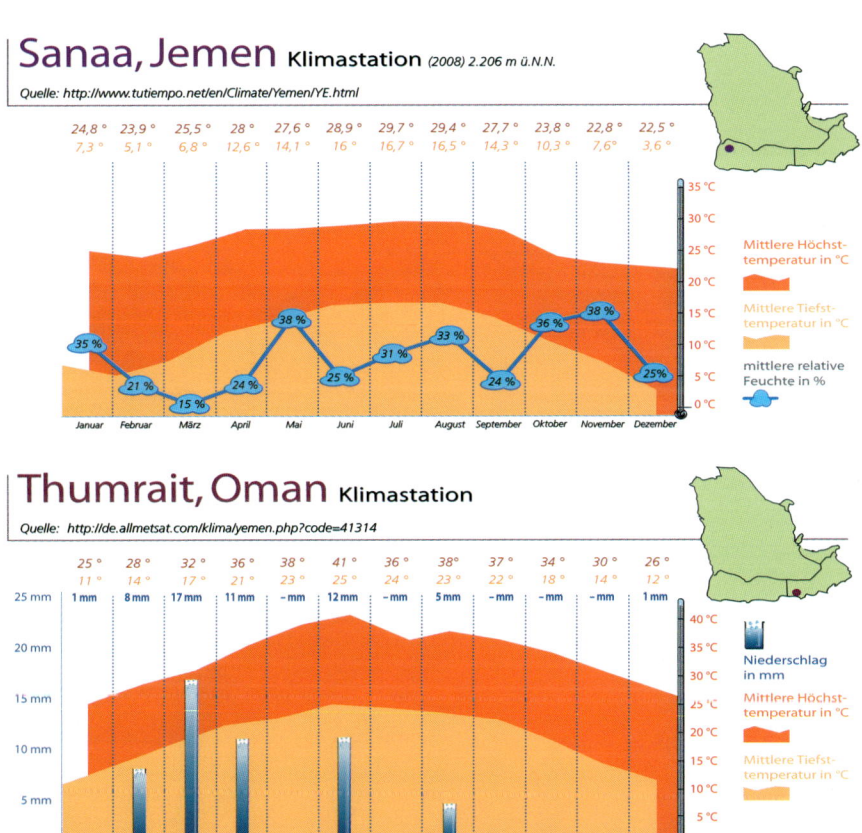

Die Graphiken zeigen Werte zweier Klimastationen aus einem Teil des Herkunftsgebietes des Jemenchamäleons. Bei einer Verbreitung bis nach Sri Lanka mit noch stärker abweichenden Klimawerten, lässt sich die Anpassungsfähigkeit der Art erahnen.

Der Geschlechtsdimorphismus ist stark ausgeprägt. Zudem fehlt den Weibchen der Fersensporn, und ihr Helm wird nicht einmal halb so hoch wie bei den Männchen.

Der sprichwörtliche Farbwechsel des Chamäleons ist bekannt. Jedoch passen sich die Tiere nicht dem Untergrund an, sondern spiegeln mit der Färbung ihre momentane Stimmung wider.

ARTENSCHUTZ

Alle Chamäleons – die meisten afrikanischen Erdchamäleons ausgenommen – sind artgeschützt. Das heißt, der Handel mit ihnen wird durch strenge Aus- und Einfuhrbestimmungen überwacht. Teilweise dürfen sie nicht oder nur noch in bestimmten Stückzahlen importiert werden. Da der Jemen anscheinend seit einigen Jahren keine Ausfuhrpapiere mehr für lebende Tiere ausgestellt hat, sollte es auch keine legalen Importtiere geben (LUTZMANN, mündliche Mitteilung). Die Jemenchamäleons sind nach dem Washingtoner Artenschutzabkommen geschützt und dort im Anhang II gelistet, was

die Einstufung in Anhang B des EU-Artenschutzgesetzes zur Folge hat. Jemenchamäleons zählen somit zu den nachweispflichtigen Tieren. Noch bis 1997 gab es regelrechte Ausweise für die Tiere, die so genannten CITES-Bescheinigungen. Seit dem Wegfall der Bescheinigungspflicht für Anhang II-Tiere reicht innerhalb der Europäischen Union ein Herkunftsnachweis aus, den sich der Erwerber vom Verkäufer ausstellen lassen muss. Spätestens 4 Wochen nach Erwerb müssen die Tiere bei der zuständigen Landesbehörde gemeldet werden. Angaben sind auch über Nachzuchten und Todesfälle zu machen. In Nordrhein-Westfalen ist zum Beispiel die Untere Landschaftsbehörde, in Baden-Württemberg sind hierfür die Regierungspräsidien zuständig. Die Adressen aller Behörden finden sich im Internet zum Beispiel unter www.vivaria-verlag.de/Behoerde1.htm. Vordrucke zur An- und Abmeldung findet man unter www.vivaria-verlag.de/Behoerde2.htm.

ANSCHAFFUNG

Auswahl

Bei der Anschaffung eines Jemenchamäleons sollten Sie ein wenige Monate altes, einzelnes Jungtier bevorzugen, da zu junge Tiere auf Transport, Eingewöhnung und Futterumstellung empfindlich reagieren können. Mit einem Alter von 3 Monaten ist die Übernahme meist problemlos. Bei der Einzelhaltung ist grundsätzlich die Pflege eines Männchens angeraten. Weibchen produzieren auch ohne Kontakt zu Männchen unbefruchtete Eier. Diese so genannten Wachseier lösen häufig Legenot aus, an der die Tiere häufig versterben. Zudem versterben Weibchen schon alleine aufgrund der kräftezehrenden Eierproduktion früher als männliche Tiere. Ein typisches, bereits nach einigen Tagen nach dem Schlupf erkennbares Merkmal für männliche Tiere ist der Fersensporn der Hinterbeine. KOBER (2001) weist zudem noch auf ein in der Literatur bisher wenig beschriebenes, weiteres Merkmal hin: In Ruhefärbung weisen alle Tiere zwei gelblich-weiße, unterbrochene Längsstreifen auf. Bei weiblichen Tieren ist der vordere Fleck der unteren Reihe so lang wie sein seitlich angelegter

Oberarm oder länger. Bei männlichen Tieren hingegen ist der Streifen nur halb so lang oder noch kürzer. Es gibt zwar in Ausnahmefällen Weibchen mit kürzeren Streifen, aber keine Männchen mit Streifen, die länger sind als ihr Oberarm. Die Gefahr, ein erkranktes Exemplar zu erwerben, besteht unabhängig davon, wo man es erwirbt. Wichtig beim Kauf ist zunächst das optisch gesunde Aussehen. An dieser Stelle sei davor gewarnt, aus Mitleid ein krankes Tier zu kaufen. Leider heißt es auch heute noch häufig: krankes Chamäleon gleich totes Chamäleon (SCHMIDT 1999). Für den unerfahrenen Terrarianer ist es oftmals schwer, ein erkranktes Tier überhaupt zu erkennen. Am ehesten dürften rachitische Erkrankungen erkennbar sein, die gerade bei Chamäleons häufig auftreten. Verursacht wird diese Knochenerweichung durch eine unzureichende UV-B-Bestrahlung und/oder durch eine mangelhafte Kalzium- bzw. Vitamin D_3-Versorgung. Anzeichen hierfür sind beispielsweise ein gummiartiger Kiefer sowie O- und X-Beine. Werden sie frühzeitig behandelt, so können die Tiere immer noch alt werden; der Fehlstand der Knochen lässt sich aber nicht mehr beheben. Nach LUTZMANN (2007a) zeigen ge-sunde und entspannte Chamäleons keine starken Farbkontraste; sehr kräftige Farben können auf Stresszustände hinweisen. Die Haut sollte keinen Schorf und keine Beulen oder Wunden aufweisen. Unnatürlich wirkende weiße oder schwarze Stellen können auf Verbrennungen, erhabene, schlangenartige Linien können auf Würmer (Filarien) hinweisen. Es sollten sich keine alten Häutungsreste mehr am Körper befinden. Eine schlechte Häutung deutet nicht nur auf eine schlechte Haltung hin, sondern kann schon ein erstes Anzeichen für eine Erkrankung sein. Das Tier sollte einen guten Ernährungszustand haben, das heißt, dass an den Wirbelfortsätzen entlang des Rückenkamms, an den Oberschenkeln und am Schwanz die Knochen nicht durch die Haut erkennbar sein sollten. Verdickungen an Knochen können auf akute oder verheilte Brüche, Verdickungen an Gelenken auf fortgeschrittene Gicht hinweisen. Auch die Zehen, an denen keine Krallen fehlen sollten, dürfen nicht verdickt sein. Ein Schwanz, der nicht eingerollt ist oder etwas umgreift, ist fast immer ein Zeichen dafür, dass eine Schwächung bzw. eine Erkrankung vorliegt. Ein gesundes Chamäleon hat immer beide Augen geöffnet und schaut sich mit lebhaften

Bewegungen seine Umgebung an. Das Augeninnere ist klar. Der Kiefer sollte fest und nicht geschwollen sein. Der Blick ins Maul sollte mit besonderer Aufmerksamkeit erfolgen. Der Rachenraum sollte eine durchgängige Rosafärbung aufweisen und keine Ablagerungen enthalten. Die Schleimhaut gesunder Tiere ist glänzend feucht, aber nicht schleimig. Flüssige, schleimige Ausscheidungen sowie Blasen aus Nase und Maul, begleitet von röchelnden Atemgeräuschen, deuten auf eine Atemwegserkrankung hin. Das Maul sollte immer schließen, da andernfalls schwer zu behandelnde Entzündungen und Vereiterungen der Zahnleisten im Anfangsstadium zu vermuten sind. Fehlende Gliedmaßen, wie zum Beispiel ein Fuß oder ein Teil des Schwanzes, sind zwar nicht schön, aber wenn die Wunden sauber verheilt sind, höchstens ein Schönheitsfehler. Wird ein Fuß nicht gebraucht oder hängt der Schwanz herunter, kann dies auf eine Verletzung oder allgemeine Schwäche hindeuten (LUTZMANN 2007a). Die Kloake sollte kotfrei sein. Zudem sollte man auch auf den Kot im Terrarium achten. Keinesfalls dürfen die Exkremente wässrig, zu locker, schleimig oder blutig sein. Insbesondere junge Jemenchamäleons erkunden neugierig und ständig auf der Suche nach Futter ihr Domizil. Futtertiere sollten mit der Zunge geschossen werden, ein einfaches Ergreifen des Insektes kommt selten vor. Optimal wäre es, wenn man die Tiere vor dem Kauf beim Nahrungserwerb beobachten könnte. Beim Öffnen des Terrariums oder spätestens bei dem Versuch, es zu berühren, sollte das Chamäleon eine Reaktion in Form von Flucht oder Drohung zeigen. Ein besonderes Augenmerk sollte auch dem Terrarium, aus dem das Tier gekauft wird, gelten. Es sollte sauber und tiergerecht eingerichtet sein. Wenn mehrere Tiere im Behältnis leben, sollte man sich auch diese genau anschauen. Sieht auch nur ein Tier krank aus, könnte es sein, dass seine Mitbewohner ebenfalls infiziert sind. Wie bei dem Erwerb aller Terrarientiere sollte ein neues Behältnis bereits vorher gekauft oder gebaut und natürlich auch schon eingerichtet sowie technisch voll funktionsfähig sein. Ist das Terrarium bereits mehrere Tage in Funktion, so ist sichergestellt, dass wichtige Klimafaktoren, wie zum Beispiel Temperatur und Luftfeuchtigkeit, tiergerecht eingestellt sind.

Transport

Der Transport bedeutet für ein Tier immer Stress. Chamäleons werden am besten in Leinenbeuteln oder in ihrer Größe entsprechenden Kunststoffdosen transportiert. Der Leinenbeutel sollte immer auf Links gedreht sein, damit sich das Tier nicht in den Nähten verheddert. In Kunststoffdosen sollten Lüftungslöcher nicht fehlen. Bei von Hand durchlöcherten Dosen ist darauf zu achten, dass keine spitzen Ecken in die Dose ragen, d.h. Löcher werden immer von innen nach außen gestochen. Grundsätzlich sollte man dem Tier die Möglichkeit geben, sich festhalten zu können. Dies erreicht man am besten durch zerknülltes Zeitungspapier. Um bei einem längeren Transport ein Dehydrieren zu vermeiden, kann man einen kleinen feuchten Schwamm in die Dose legen oder den Beutel befeuchten. Bei letzterem sollte unabhängig von der Jahreszeit unbedingt darauf geachtet werden, dass die Umgebungstemperatur nicht zu kalt ist, da sonst die Gefahr einer Lungenentzündung besteht. Am besten ist es, den Leinenbeutel oder die Kunststoffdose in eine Styroporkiste zu legen, um Temperaturschwankungen zu minimieren. Bei einer Außentemperatur von unter 25 Grad sollte eine zusätzliche Wärmequelle eingebracht werden. Hierzu eignen sich die im Handel erhältlichen „Heatpacks". Auch eine Wärmflasche oder eine mit warmem Wasser gefüllte kleine Flasche eignet sich zu diesem Zweck. Das Wasser sollte nicht wärmer als 35 Grad sein, zusätzlich ist darauf zu achten, dass zwischen dem Behältnis des Tieres und der Wärmequelle ein Abstand vorliegt, um ein Überhitzen zu vermeiden.

Quarantäne

Nicht nur kranke Tiere, sondern vor allem jeder Neuerwerb sollte sechs bis acht Wochen in einem Quarantäneterrarium untergebracht werden. Beleuchtung, Temperatur und Luftfeuchtigkeit sollten tiergerecht eingestellt werden. Das möglichst sterile Erstheim wird nur spartanisch eingerichtet, sollte dem Tier aber trotzdem ein arttypisches Verhalten erlauben. Auch wenn Chamäleons nur selten aus Näpfen trinken, sollte immer einer angeboten werden. Als Bodengrund eignen sich schnell zu wechselnde Materialien, wie zum Beispiel Tageszeitungen oder Küchenpapier, aber auch nicht zu flauschige Handtücher. Diese sollten täglich, mindes-

tens aber nach jedem zweiten Tag gewechselt werden. Als Einrichtung kann man verschieden dicke Zweige verwenden. Damit sich das Chamäleon wohl fühlt und sich verstecken kann, sollten zusätzlich künstliche Pflanzen in das Becken eingebracht werden. Diese können regelmäßig gereinigt und desinfiziert werden. Echte Pflanzen eignen sich nicht so gut, da sie sich nur schwer reinigen lassen und nach Stilllegung des Quarantänebeckens im Fall einer aufgetretenen Erkrankung gar nicht mehr zur Gestaltung eines Terrariums verwendet werden dürfen. Der erste abgesetzte Kot sollte direkt eingesammelt und zum Tierarzt gebracht oder zu einer Untersuchungsstelle geschickt werden. Auch wenn das erste Untersuchungsergebnis nicht auf eine Erkrankung hinweist, sollte man nach circa 4 Wochen eine weitere Probe abgeben. Bei vielen Erkrankungen dauert es aufgrund der Ansteckungszeit eine Weile, bis sie nachgewiesen werden können, und viele Innenparasiten scheiden nicht ständig nachweisbares Material aus. Sobald das zweite Ergebnis negativ ist, also keine pathogenen Parasiten oder Erkrankungen nachgewiesen wurden und das Tier somit nachweislich gesund ist, kann es in sein eigentliches Domizil umziehen.

BESCHREIBUNG

Jemenchamäleons gehören zu den größten Vertretern der Unterfamilie der *Chamaeleonidae*. Gerade männliche Tiere sind durch ihre Größe eine imposante Erscheinung. In der Literatur wird die Größe meist mit maximal 50 cm angegeben, SCHMIDT (2001) nennt sogar 62 cm. Die Tiere von Sascha ESSER maßen niemals mehr als 42 Zentimeter, die Weibchen blieben mit maximal 40 cm immer deutlich kleiner. Zu berücksichtigen ist, dass es bei der Terrarienhaltung über die Jahre zu einer Vermischung der Tiere aus unterschiedlichen Populationen gekommen ist. Nach DOST (2000) sollen im Verbreitungsgebiet Tiere aus dem Norden größer, Tiere aus dem Süden kleinerbleibend sein.

Der Geschlechtsdimorphismus ist stark ausgeprägt. Bei manchen Tieren sind schon direkt nach dem Schlupf die männlichen Exemplare durch winzige Wölbungen des sich an beiden Hinterbeinen entwickelnden Fersenspornes von den Weibchen zu unterscheiden. Bei den erwachsenen Tieren sind noch weitere Unterschiede sichtbar. Außer bei den Schildkröten, den Brückenechsen und den Krokodilen haben alle Reptilienmännchen paarige Geschlechtsorgane. Sie befinden sich in den Hemipenistaschen, wodurch die Schwanzwurzel viel breiter ist als bei den Weibchen. Darüber hinaus haben die männlichen Jemenchamäelons einen ausgeprägten Helm, welcher bis zu acht Zentimeter hoch werden kann. Nach KLAVER & BÖHME (1981) dienen solche Helme, aber auch Hörner, Rücken- und Schwanzsegel bei Westafrikanischen Chamäleons wahrscheinlich zur Arterkennung. Bei den Weibchen wird der Helm nicht einmal halb so hoch. Ein weiteres Erkennungsmerkmal der Jemenchamäleons sind lange, schmale Hautlappen (Occipitallappen) im hinteren Seitenbereich des Kopfes. Beide Geschlechter weisen einen stark ausgeprägten Rückenkamm sowie Kämme an der Kehle und am Bauch auf.

Die Grundfärbung im normalen Gemütszustand ist ein helles Grün. Dieser Ton wird von drei bis fünf helleren Querbändern durchbrochen, welche von einem hellen Grün bis Orange variieren können. Diese sind am besten zu sehen, wenn die Tiere erregt sind. Durch die unterschiedlichen Lateralstreifen kann man einzelne Individuen sehr gut unterscheiden. Um das Grundmuster des späteren Adultkleides bereits bei Jungtieren zu erkennen, empfiehlt KOBER

(2001), die Tiere eine Strecke auf flachem Boden laufen zu lassen. Die Stressfärbung zeigt dann genau die farblichen Verteilungsverhältnisse sowie die Anzahl der ausgebildeten Querstreifen.

Nahezu jedem ist der sprichwörtliche Farbwechsel des Chamäleons bekannt. Dabei passen sich die Tiere nicht dem Untergrund an, auf dem sie sitzen, sondern spiegeln mit ihrer Färbung ihre momentane Stimmung wider. Da dieses Verhalten hauptsächlich der innerartlichen Kommunikation dient, sieht man bei einer verhaltensbedingt absolut zu empfehlenden Einzelhaltung eher schlichte Färbungen mit überwiegend grünen und braunen Grundtönen. Dieser Tatsache sollte man sich als Pfleger bewusst sein. Grundsätzlich variiert das Farbspektrum des Jemenchamäleons von Weiß, Grau, Gelb, Orange, Türkis, Lila bis Dunkelbraun. Jedes Tier hat sein persönliches Farbmuster. Zur Färbung hat NECAS (2004) in seinem Buch zwei sehr ausführliche Tabellen erarbeitet. Die Fähigkeit, ihre Farbe zu ändern, wird durch drei spezialisierte Typen von Hautzellen ermöglicht, die in mehreren Schichten übereinander liegen. NECAS (2004) unterscheidet äußere und innere Faktoren, die jeweils eine bestimmte Färbung verursachen. Zu den äußeren zählen Temperatur, Licht, Tageszeit und Jahreszeit. Bei den inneren Faktoren unterscheidet er zwischen passiven, das sind Trächtigkeit, Gesundheits- und Ernährungszustand, und aktiven, wie Gefährdung, Jagd, Launen, Vorzugsfarben und Kommunikation.

Der Körper des Jemenchamäleons weist unterschiedlich große Schuppen auf. Wie bei allen Reptilien besteht die oberste Schicht der Haut aus toten Zellen, die nicht mitwachsen können und daher von Zeit zu Zeit erneuert werden müssen. Jungtiere häuten sich häufig, manchmal mehrfach im Monat. Erwachsene Tiere häuten sich selten öfter als zwei Mal im Jahr. Der Häutungsvorgang in mehreren kleinen Fetzen kann mehrere Tage dauern oder nur Teilbereiche umfassen. Gelegentlich kann beobachtet werden, dass ein Teil der Exuvie (Häutung) von den Tieren gefressen wird.

Chamäleons sind baumbewohnend, gehören also zu den so genannten arborealen Arten und haben sich perfekt an ihren Lebensraum angepasst. Ihre Körperform erinnert an den Aufbau eines Blattes und eignet sich hervorragend zum Verstecken im Geäst. Durch seine Rumpfmuskeln kann sich das Jemenchamäleon lateral stark abflachen. Weitere Anpassungen an den Lebensraum Baum sind die verwachsenen Zehen, mit denen Äste ähnlich wie mit einer Zange umklammert werden können. Am vorderen Beinpaar sind außen zwei und innen drei Zehen zusammengewachsen. An den Hinterläufen verhält es sich genau umgekehrt. Alle echten Chamäleons haben einen zum Greifen fähigen Schwanz, der mindestens Körperlänge erreicht und den Tieren ein sicheres Klettern und Jagen im Geäst erlaubt. An der Unterseite des Schwanzes haben Chamäleons Haftborsten, ähnlich denen, die Geckos an ihren Zehen aufweisen (SCHLEICH & KÄSTLE 1979). Teilweise lassen sich die Tiere nur am Schwanz hängend von Ästen herab, um näher an das anvisierte Futter zu gelangen. Näher als ihrer Körperlänge entsprechend müssen Chamäleons nicht an ihre Beute heran. Ihre Zunge kann bis auf eine größere Länge des eigenen Körpers herausgeschossen werden. Als erste befassten sich ALTEVOGT & ALTEVOGT (1954) mit der Funktionsweise der Chamäleonzunge. 1991 aktualisierten WAINWRIGHT et al. die Erkenntnisse durch ihre Studien zur Zunge von *Chamaeleo oustaleti* (inzwischen *Furcifer oustaleti*).

Anders als man annehmen könnte, ist die Zunge eines Chamäleons weder zusammengerollt im Kehlsack untergebracht noch ist sie klebrig. Nachdem ein entdecktes Beutetier mit beiden Augen fixiert und die Entfernung geprüft wurde, wird das Maul geöffnet, das Zungenbein hervorgeschoben und die Zunge ein wenig herausgestreckt. Mittels Kontraktion eines Ringmuskels wird die Zunge herausgeschossen, und die verdickte, leicht feuchte Zungenspitze trifft auf die Beute. Bei dem Aufprall wölbt sich der verdickte Teil leicht aus, durch Zurückziehen der Zunge entsteht ein Unterdruck (HERREL et al. 2001). Beim Zurückschnellen biegt sich die Zunge S-förmig, das Futtertier wird im Maul getötet, zerkaut und anschließend heruntergeschluckt.

Jemenchamäleons haben wie alle Chamäleons ein sehr gutes Sehvermögen. Ihre Augen sind hoch entwickelt und können unabhängig voneinander bewegt werden. Dies ermöglicht den Tieren, ein Insekt anzuvisieren und gleichzeitig nach Artgenossen oder Feinden Ausschau zu halten. Zwar können sie nicht beide Bilder gleichzeitig sehen, doch vermutet man, dass das Gehirn in Sekundenbruchteilen von dem einen Auge zu dem anderen Auge umschaltet

(NECAS 2004). Normalerweise fixieren Chamäleons ihre Beute mit beiden Augen, doch haben Versuche gezeigt, dass hierzu auch ein Auge ausreicht (MARTIN 1992). Durch die unabhängige Beweglichkeit und die Stellung ihrer Augen haben Chamäleons nahezu Rundumblick. Es gibt nur einen kleinen toten Winkel auf dem eigenen Rücken.

Der normale Geschmackssinn sowie der nasale Geruchssinn scheinen nicht sehr differenziert ausgebildet zu sein (NECAS 2004). Vermutlich haben Chamäleons wie viele andere Reptilien ein Jacobsonsches Organ, das aber vermutlich auch zurückgebildet ist (Necas 2004). Chamäleons können nur schlecht hören, denn auch dieses Organ ist, wahrscheinlich zugunsten der stärker ausgeprägten Sinne, zurückgebildet (NECAS 2004). Ein spektakuläres Organ ist das Parietal- oder auch Stirnauge. Dieses optisch als vergrößerte Schuppe oberhalb der Augen auf der Stirn erkennbare Organ ist in der Lage, Licht und Wärmestrahlen sowie UV-Licht wahrzunehmen (GUNDY & WURST 1976).

Der Häutungsvorgang in mehreren kleinen Fetzen kann mehrere Tage dauern oder nur Teilbereiche umfassen. Gelegentlich kann beobachtet werden, dass ein Teil der Haut gefressen wird.

VERHALTEN

Jemenchamäleons sind tagaktiv, in der Nacht sitzen sie regungslos im Geäst der Bäume. Kurz nach Sonnenaufgang, im Terrarium nach Einschalten der Beleuchtung, werden sie aktiv und tanken beim Sonnenbad Energie für den Tag. Wie alle Reptilien sind sie wechselwarm, das heißt, die Körpertemperatur hängt sehr stark von den Außentemperaturen und von der Sonneneinstrahlung oder der Wärme ab. Beim Sonnenbaden flachen die Tiere daher ihren Körper ab und erhalten dadurch eine größere Oberfläche, die beschienen werden kann. Um noch schneller Wärme resorbieren zu können, färben sich die Tiere zusätzlich dunkel. Nach der Aufwärmphase beginnt die Suche nach Nahrung und Wassertropfen. In einer Studie des Baseler Zoos (HEGETSCHWEILER et al. 2003) zeigten Jemenchamäleons unabhängig vom Strukturierungsgrad der Terrarieneinrichtung je nach Alter um 12 oder 14 Uhr das Maximum ihrer Bewegungsaktivität. Aus den Erfahrungen des Zoologischen Forschungsmuseums Koenig in Bonn kann man ergänzen, dass sich diese Aktivitätszeiten verlagern, wenn sich die Tiere wegen zu hoher Temperatur unter Sonneninseln gegen Mittag in den Schatten zurückziehen.

Beim Jagdverhalten der Tiere unterscheidet man bei dieser Art das aktive Nachstellen von der über einen großen Teil des Tages angewandten, so genannten „sit and wait"-Strategie. Hierbei sitzt das Tier regungslos auf seinem Ast und wartet auf vorbeilaufende Futtertiere. Die Abflachung des Körpers nutzen die gegenüber Artgenossen unverträglichen Einzelgänger außerdem, um Kontrahenten oder Feinden zu imponieren. Oft begleiten nickende Bewegungen dieses Verhalten. Zum Kampf kommt es in der Regel nicht, sondern das kleinere Tier flieht. Bei gleich großen Tieren gestaltet sich der Kampf nach einem bestimmten Muster. Das Tier zeigt seine größer erscheinende Seitenansicht und faucht mit geöffnetem Maul. Beeindruckt dies den Gegner nicht ausreichend, folgen Helmstöße und Bisse, bis das unterlegene Tier sich mit abgedunkelten Farben zurückzieht. Ein Kampf führt in der Natur selten zu Verletzungen. Im Terrarium, wo das unterlegene Tier nicht flüchten kann, ist die Gefahr, dass es zu Verletzungen kommt, weitaus größer. Des Weiteren wird das Abflachen des Körpers auch zur Tarnung eingesetzt. Wenn sich ein Tier hinter einen Ast dreht, ist es von der gegenüberliegenden Seite kaum noch zu erkennen. Nach MEERMANN & BOOMSMA (1987) ist dieses Verhalten in der Natur schon bei einer Annäherung auf etwa 30 Meter festzustellen. Gerade instinktiv noch scheuere Jungtiere zeigen dieses Verhalten, wenn der Pfleger zur Fütterung, zur Säuberung oder zum Übersprühen das Terrarium öffnet. Wird ein Jungtier ergriffen, so lässt sich ein leichtes Vibrieren erkennen, was zur Abschreckung von Feinden dient. Bei adulten Tieren konnte Sascha Esser dieses Verhalten, wie es von NECAS (1991) beschrieben wurde, nicht beobachten. Interpretationen dieses Verhaltens sind bei LUTZMANN (2004) zusammengefasst. Bei Bedrohung ist neben teilweise heftigem Fauchen manchmal ein Zischen zu vernehmen. Insgesamt kann die Reaktion auf den Pfleger sehr individuell sein. Einige Exemplare sind bei Anwesenheit des Pflegers zögerlicher in der Nahrungsaufnahme, andere reagieren dessen ungeachtet sofort auf das Futter. SCHNEIDER (2007) berichtet von Reaktionen wie z.B. Körperzittern und Kopfnicken beim Erblicken eines Menschen und von einem kommentkampfähnlichen Verhalten beim Anblick von rosafarbenen T-Shirts.

Eine Vergesellschaftung ist langfristig – wenn überhaupt – nur in ausreichend großen Terrarien erfolgreich, und auch dann nur, wenn etwa gleich große Tiere als Paar gehalten werden. Am besten hält man die Art aber einzeln und setzt die Tiere nur zur Verpaarung zusammen. Wichtig bei einer gemeinsamen Haltung ist, dass die Tiere sich aus dem Weg gehen können. Das Terrarium muss also nicht nur entsprechend groß sein, sondern durch Dekoration und starke Bepflanzung Rückzugs- und Versteckmöglichkeiten bieten. Trotzdem kommt es immer wieder vor, dass sich selbst länger aneinander gewöhnte Tiere irgendwann nicht mehr vertragen. Hier hilft nur eine schnelle Trennung.

Jemenchamäleons neigen zum Kannibalismus, ausgewachsene Tiere würden ohne zu zögern Jungtiere ihrer eigenen Art fressen. Auch von einer Vergesellschaftung mit anderen Arten ist grundsätzlich abzuraten. Kleinere Echsen und Amphibien werden als Futter angesehen und gefressen. Größere Arten würden bei der Vergesellschaftung hingegen Stress auslösen. Stress wird bereits durch Sichtkontakt ausgelöst, so dass selbst bei einer Einzelhaltung mehrerer Männchen in unterschiedlichen Terrarien absolut sichergestellt werden muss, dass sie einander nicht sehen können.

Das Höchstalter wird bei *Chamaeleo calyptratus* mit nur drei bis fünf Jahren angegeben (SCHMIDT 1999). Allerdings wurde dem Autor Sascha ESSER schon von einem über acht Jahre alten männlichen sowie von einem fast zehn Jahre alten weiblichen Jemenchamäleon berichtet, das auch noch wenige befruchtete Eier legte (WAGNER, mündliche Mitteilung). Das älteste von Sascha ESSER selbst gehaltene männliche Tier wurde sechseinhalb Jahre alt. Andere Arten wie *Furcifer lateralis* erreichen meist höchstens 3 Jahre, während *Chamaeleo melleri* bis zu 11 Jahre alt werden kann. Damit sie ihr Höchstalter erreichen, ist es sehr wichtig, den Tieren ihre natürlichen jahres- und tageszeitlichen Temperaturschwankungen zu bieten. So sollte die nächtliche Temperatur bei der Haltung mindestens zehn Grad unter den Tageshöchstwerten liegen. Häufige Eiablagen scheinen sich lebensverkürzend auf das Alter der Weibchen auszuwirken. Während viele Halter von bis zu vier Gelegen pro Jahr berichten, beschreibt KOBER (2001), dass seine absichtlich sparsam ernährten Weibchen wahrscheinlich ähnlich den wildlebenden Exemplaren während des Spätsommers nur ein Gelege legten.

TERRARIUM

Wer ein Tier hält, betreut oder zu betreuen hat, muss dieses seiner Art und seinen Bedürfnissen entsprechend ernähren, pflegen und verhaltensgerecht unterbringen. Er darf die Möglichkeit des Tieres zu artgemäßer Bewegung nicht einschränken, so dass ihm keine Schmerzen oder vermeidbare Leiden oder Schäden zugefügt werden (vgl. § 2 des Tierschutzgesetzes). Dies bezeichnet man als „tiergerechte" Haltung. Hinsichtlich der Größe eines Terrariums empfiehlt das Gutachten über die Mindestanforderungen an die Haltung von Reptilien (1997) für baumbewohnende Chamäleons als Mindestmaß das Vierfache der Kopf-Rumpf-Länge (KRL) als Länge, das 2,5-fache als Tiefe sowie das Vierfache als Höhe. Für die Haltung eines Paares sind 20 % mehr Grundfläche einzuplanen. Haben unsere Tiere im Schnitt eine KRL von etwa 15 Zentimetern, würde sich hieraus eine Mindestgröße von 60 x 37,5 x 60 cm (L x T x H) für das Terrarium eines Einzeltieres und 72 x 45 x 72 cm (L x T x H) für die Haltung eines Paares ergeben. Umgerechnet 135 Liter Volumen für ein Einzeltier, wovon noch Platz für Bodengrund und Rückwand in Anspruch genommen werden, halten

wir persönlich für nicht ausreichend. Aufgrund ihrer Größe sollten diese Chamäleons nach unserer Ansicht in Becken von mindestens 150 Litern nutzbarem Volumen gehalten werden. Auch wenn Jemenchamäleons nicht so große Ansprüche an die Lüftung stellen wie viele andere Arten ihrer Familie, sind handelsübliche Terrarien aufgrund ihrer zu kleinen Lüftungsflächen nicht gut geeignet. Mittlerweile werden aber spezielle Chamäleonterrarien im Handel angeboten. Optimal sind Terrarien, deren komplettes Dach aus Gaze besteht. Eine weitere Lüftungsfläche sollte im unteren Bereich des Terrariums angebracht sein, um einen Kamineffekt zu erzeugen. Das richtige Maß an Frischluft ist gefunden, wenn die Feuchtigkeit nach dem Sprühen innerhalb von ca. zwei Stunden verdunstet ist. Als Standort für das Terrarium sollte man sich einen Raum aussuchen, in dem das Tier auch zur Ruhe kommen kann. Ideal ist der Einfall von viel natürlichem Licht. Hierbei ist darauf zu achten, dass das Terrarium höchstens in den Morgen- oder Abendstunden direkt von der Sonne bestrahlt wird. Zu diesen Zeiten ist die Sonne meist noch nicht oder nicht mehr so stark, dass sich das Terrarium überhitzt. Man sollte das Becken nicht zwischen Tür und Fenster stellen, denn Zugluft führt sehr schnell zu einer Lungenentzündung. Auch ein gebührender Abstand zu Heizkörpern sollte gegeben sein. Selbstverständlich sollten niemals Fernseher oder Boxen einer Stereoanlage in unmittelbarer Nähe stehen.

Eine weitere Möglichkeit, die Tiere zumindest für einen Teil des Jahres unterzubringen, ist die Haltung in Gazeterrarien. Durch ihre Bauart kommen sie dem Frischluftbedürfnis der Chamäleons sehr entgegen. In den meisten Fällen sind sie transportabel und können, wenn die Witterung es zulässt, nach draußen gestellt werden. Dabei ist darauf zu achten, dass immer nur ein Teil des Behälters in der direkten Sonne steht. Sascha ESSER hält eines seiner Zuchtpaare fast die Hälfte des Jahres draußen, solange die Temperaturen nachts nicht dauerhaft unter 5 °C fallen und tagsüber noch regelmäßig auf etwa 15 °C steigen. Ein Teil des Behälters ist mit Plexiglas abgedeckt, so dass die Tiere die Möglichkeit haben, sich bei dauerhaft schlechter Witterung ins Trockene zurückzuziehen. Auf eine zusätzliche Beleuchtung hat er verzichtet. In diesem 2 x 1,4 x 1,8 m (L x T x H) großen selbstgebauten Gehege scheinen sich die Tiere sehr wohl zu fühlen. Ihre Farbenpracht übersteigt diejenige von

in der Wohnung gepflegten Tieren. KOBER (2001) nennt die freie Haltung im Zimmer unter bestimmten Voraussetzungen als mögliche Alternative. Dazu werden – unerreichbar für das Chamäleon – mehrere Licht- und Wärmestrahler über einer belaubten Zimmerpflanze mit möglichst unterschiedlich dicken Ästen angebracht. Die Äste sollten nicht näher als einen Meter an den Boden heranreichen, im Abstand von 50 Zentimetern sollte die Pflanze mit einem etwa 35 cm hohen Rahmen umgeben werden, um ein Entkommen und Umherwandern zu verhindern. Ein ausführlicher Erfahrungsbericht (DICKHOFF & DICKHOFF 2007) über die Chamäleonhaltung im Zimmerfreigehege findet sich in der Zeitschrift TERRARIA 8/2007 oder im Internet unter www.geckhoff.de/Freigehege.html.

EINRICHTUNG

Bei der Dekoration besteht das Grundgerüst der Gestaltung aus verschieden dicken und verzweigten Ästen und Lianen. Hierbei ist darauf zu achten, dass durch die Einbringung Plätze zum Sonnen entstehen. Ein Großteil der Äste sollte von den Chamäleonfüßen komplett umfasst werden können, und die Oberfläche sollte rau genug sein, so dass die Tiere nicht abrutschen (HELLENDRUNG 2007). Der Umfang der Strukturierung des Terrariums mit Kletter- und Versteckmöglichkeiten durch Äste und Bepflanzung wirkt sich deutlich auf das Verhalten von Jemenchamäleons aus. Die Auswirkung der pflanzlichen Strukturvielfalt bei der Terrarieneinrichtung auf das Verhalten und die Bewegungsaktivität junger Jemenchamäleons wurde von HEGETSCHWEILER et al. (2003) im Zoologischen Garten Basel untersucht. Dazu wurden sechs einzeln gehaltene Jemenchamäleons ab einem Alter von 4 Monaten in 57 x 47 x 76 cm (L x B x H) großen, unterschiedlich stark strukturierten Terrarien beobachtet. Die durchschnittliche Bewegungsaktivität der Tiere in nur mäßig strukturierten Terrarien erhöhte sich mit zunehmendem Alter. Oft im Alter von vier Monaten und häufiger im Alter von fünf Monaten ließen sich die Chamäleons in nur mäßig strukturierten Terrarien am Boden antreffen. In diesen Terrarien wurde auch ein häufigeres Kratzen an den Terrarienwänden festgestellt. Die erhöhte und im Alter zunehmende Bewegungsaktivität gegenüber Jemenchamäleons in stark strukturierten Terrarien mit mehr Versteckmöglichkeiten lässt sich als Stresssignal interpretieren. Dafür spricht auch die Beobachtung von HEGETSCHWEILER et al. (2003), dass sich Jemenchamäleons im Alter von 5 Monaten häufiger auf, unter und hinter Drachenbäumchen aufhalten als mit 4 Monaten. Untersuchungen an Labortieren haben gezeigt, dass bei Einwirkung von Stressfaktoren Veränderungen in der Aktivität auftreten können und die erhöhte Aktivität auf eine aktive Stressbewältigung (active coping) hindeutet (BORELL 2000). Stress bedeutet in der Studie des Baseler Zoos eine Überforderung hinsichtlich der Anpassungsfähigkeit der Jemenchamäleons in weniger strukturierten Terrarien, und das Verhalten ist daher als Reaktion auf den Kontrollverlust über ihre Umgebung zu sehen (HEGETSCHWEILER et al. 2003). Auch

TERRARIUM

EINRICHTUNG

TERRARIENTECHNIK

wenn TREMPER (2002) empfiehlt, Terrariendekorationen bei der Chamäleonhaltung nicht umzustellen, und NECAS (2004) darauf hinweist, dass Chamäleons bei Veränderung ihrer Terrarien ein unnatürliches Verhalten zeigen, sollte der altersabhängigen Zunahme des Deckungsbedarfs bei Jemenchamäleons Rechnung getragen werden (HEGETSCHWEILER et al. 2003). Die Autoren der Baseler Studie empfehlen, Terrarieneinrichtungen mit zunehmendem Alter von Chamaeleo calyptratus regelmäßig zu überprüfen, umzugestalten und zu ergänzen. Sehr jungen Tieren reichen Klettermöglichkeiten, über 4 Monate alte Chamäleons benötigen zunehmend Versteckmöglichkeiten als wesentlichen Bestandteil der tiergerechten Haltung und zum Zeigen ihres natürlichen Verhaltens (HEGETSCHWEILER et al. 2003).

Die natürliche Bepflanzung bietet nicht nur Rückzugs- und Versteckmöglichkeiten, sondern dient auch dazu, im Terrarium ein gutes Klima zu erreichen. Wird nur der untere und mittlere Teil des Terrariums bepflanzt, kommt das dem natürlichen Verhalten der Chamäleons entgegen, sich nach dem Sonnenbad ins Blätterdickicht zurückzuziehen. Für die Bepflanzung eignen sich vielerlei Arten. Gerade die verschiedenen Ficus- und Zitrusgewächsarten lassen das Terrarium sehr natürlich wirken und sind durch ihren Stamm gut zum Klettern geeignet. Weitere gute Erfahrungen wurden mit Efeutute, dem rankenden Ficus pumila, Gigantea monstera und auch mit Yukka-Palmen gemacht. Ein Teil dieser Pflanzen ist zumindest für den Menschen und viele Säugetiere giftig, bisher konnten bei Jemenchamäleons nach dem Fressen dieser Pflanzen aber noch keine Probleme beobachtet werden. Bei anderen Pflanzenarten sollte man sich beim Kauf natürlich über ihre eventuelle Giftigkeit beraten lassen. Im Baseler Zoo wurden bei der oben erwähnten Studie mäßig strukturierte Terrarien mit zwei bis drei Schwarzdornästen, Prunus spinosa, und reich strukturierte Terrarien mit zusätzlich vier etwa 40 cm großen Drachenbäumchen, Dracaena sp., eingerichtet (HEGETSCHWEILER et al. 2003). Nach meiner Erfahrung belässt man Pflanzen am besten in ihren Töpfen. Dadurch wird das Auswechseln, aber auch das gezielte Gießen erleichtert. Bei neu erworbenen Pflanzen empfiehlt es sich, diese anfangs täglich abzubrausen, um Pestizide abzuspülen, die die

CHAMAELEO CALYPTRATUS

Jemenchamäleons möglicherweise mit dem Verzehr der Blätter zu sich nehmen könnten. Entscheidet man sich für künstliche Pflanzen, von denen der Handel eine ziemlich große Vielfalt verschiedenster, teilweise recht echt aussehender Arten anbietet, sind Plastikpflanzen textilen Pflanzen vorzuziehen. Auf ersteren halten sich Tröpfchen des Sprühwassers, die das Chamäleon aufnimmt, länger.

Der Rückwandgestaltung muss bei der Chamäleonhaltung eine nicht so große Beachtung geschenkt werden. Zwar nutzen die Tiere sie auch zum Klettern, doch sie ist – außer als Sichtschutz – zu ihrem Wohlbefinden nicht zwingend erforderlich. Von Vorteil ist, dass sie dem Terrarium ein natürlicheres Aussehen verleiht und man an ihr Töpfe für Pflanzen oder auch Äste befestigen kann. Am besten verwendet man als Rückwand Korkplat-

ten oder Echtkork. Die Stücke werden zurechtgeschnitten und dann mit Aquarien- oder lebensmittelechtem Silikon eingeklebt. Wichtig ist, dass die Tiere erst nach dem Aushärten des Silikons eingesetzt werden, wenn der typische Essiggeruch nicht mehr wahrzunehmen ist. Glatte Presskorkplatten kann man einfach mit einer Gabel aufrauen. Durch die unterschiedlich herausbrechenden Stücke bekommen sie eine schönere Oberflächenstruktur. Wenn man 5 Zentimeter starke Platten verbaut, hat man die Möglichkeit, tiefere Löcher zu kratzen und hier Kletteräste zu verankern.

Auf einen Bodengrund ließe sich theoretisch außerhalb der Eiablagezeit verzichten, allerdings spielt das Substrat die wichtige Rolle der Feuchtigkeitsspeicherung. Sehr gut eignen sich Erde, Kokosquellhumus oder ein Gemisch mit Sand. Sascha ESSER bevorzugt durch seine Erfahrung eine Mischung aus einem Teil Sand und mindestens zwei Teilen Erde. Bei Verwendung dieser Mischung ist der Zeitraum zwischen dem Sprühen und Abtrocknen des Bodens optimal. Natürlich eignen sich auch Rindensubstrate und Kokosquellhumus. Was die Höhe des Bodengrundes betrifft, so heißt eine alte Regel: Je höher, umso besser für Tiere und Pflanzen.

TERRARIENTECHNIK

Regelung der Feuchtigkeit

Die relative Luftfeuchtigkeit ist das meist in Prozent angegebene Verhältnis zwischen der tatsächlich in der Luft vorhandenen Wassermenge und der theoretischen Maximalmenge, die bei einer bestimmten Temperatur vorhanden sein könnte. Warme Luft kann mehr Wasser aufnehmen als kalte Luft. Wenn die Temperatur ansteigt und die Wasserdampfmenge in der Luft gleich bleibt, sinkt die relative Luftfeuchtigkeit. Sinkt die Temperatur bei konstanter Wasserdampfmenge in der Luft, steigt die relative Luftfeuchtigkeit. Luft mit 100 % relativer Luftfeuchtigkeit ist gesättigt. Die Messung erfolgt über Hygrometer, die im Terrarium gut einsehbar angebracht werden. In der Wohnung liegt die relative Luftfeuchtigkeit in der Regel bei etwa 50 %. Ist die Luft im Terrarium zu trocken oder im Gegenteil zu feucht, kann es zu Häutungsproblemen und Atemwegsinfektionen kommen. Ist das Klima jedoch zu nass und die Belüftung unzureichend, können die Tiere ebenfalls erkranken. Darüber hinaus bildet sich im Terrarium Schimmel. Als Luftfeuchtigkeit reichen Jemenchamäleons tagsüber Werte zwischen 50-70 % aus. Nachts ist die relative Luftfeuchtigkeit automatisch höher, da kältere Luft weniger Wasser aufnehmen kann und schneller gesättigt ist. Mit sinkender Temperatur nimmt die relative Luftfeuchtigkeit zu; bei steigender Temperatur fällt sie. Beheizung kann daher im Terrarium eine zusätzliche Feuchtigkeitszufuhr notwendig machen.

Da Chamäleons ihren Feuchtigkeitsbedarf durch die Aufnahme von Tau- und Regentropfen stillen, ist die Feuchtigkeit im Terrarium bei ihrer Haltung eher wegen der Gefahr der Austrocknung relevant. Das Terrarium sollte daher mehrmals, mindes-tens jedoch zwei Mal am Tag kräftig übersprüht werden. Die Regenzeit von April bis September kann durch häufigeres Besprühen nachempfunden werden. Besprühen mit warmem Wasser aus einer Sprühflasche ist die einfachste Methode, die Luftfeuchtigkeit im Terrarium zu erhöhen. Eine andere Möglichkeit ist das direkte Verdampfen des Wassers mit einem Mini-Ultraschallnebler. Diese Mini-Nebler verdampfen pro Stunde etwa 200 ml Wasser. Nach dem gleichen Prinzip funktionieren auch große Ultraschallvernebler, die außerhalb des Terrariums angebracht werden. Über flexible Schläuche kann der Wasserdampf mehreren Terrarien zugeführt werden. Für größere Terrarien kommen alternativ

CHAMAELEO CALYPTRATUS

Raumluftbefeuchter, wie sie beispielsweise für Gewächshäuser angeboten werden, in Frage. Speziell für die Terraristik entwickelt, sind im Handel inzwischen Beregnungsanlagen verschiedener Hersteller verfügbar. Über die kleinen Öffnungen der Düsen kann mehrmals täglich ein extrem feiner Nebel versprüht werden.

Zur Aktivierung aller feuchtigkeitserhöhenden Geräte eignen sich Zeitschaltuhren mit Sekundenintervallen. Die Feuchtigkeit zu erhöhen, indem durch eine Zeitschaltuhr Befeuchtungssysteme aktiviert werden, stellt für den Terrarianer aber nur eine unbefriedigende und nicht bedarfsgerechte Methode dar. Im Handel sind daher spezielle Feuchtigkeitsregler erhältlich. Diese messen mit empfindlichen Fühlern die relative Luftfeuchtigkeit und aktivieren erst bei Unterschreiten der eingestellten Sollwerte angeschlossene Vernebler oder Beregnungsanlagen.

Ein Gerät, das darüber hinaus sowohl Schutz vor Überschwemmungen des Terrariums als auch Schutz vor Trockenlaufen der Pumpen von Beregnungsanlagen bietet, ist der von Oliver DREWES entwickelte und von Dohse Aquaristik produzierte ClimaControl. Er verfügt über eine Regelleiste mit zwei Steckplätzen. Neben der Feuchtigkeitsregelung kann zusätzlich mit einem unabhängigen Temperaturfühler die Terrarientemperatur gesteuert werden. Alternativ lässt sich auf dem zweiten Steckplatz zeitgesteuert die Beleuchtung mit sekundengenauer Schaltung oder programmierten Intervallen betreiben.

Ohne zuverlässige Feuchtigkeitsregler sind zur optischen Kontrolle der Feuchtigkeit im Terrarium Hygrometer, die man innen im Terrarium anbringt, unverzichtbar.

Der ClimaControl misst und regelt Luftfeuchtigkeit sowie Temperatur und verfügt über eine Zeitschaltuhr mit Sekundenschaltung.

Regelung der Temperatur

Sinnvollerweise beheizt man das Terrarium über die Beleuchtung, so wie die Chamäleons es aus der Natur gewohnt sind. Normale Raumtemperaturen und die Wärme von Leuchtstoffröhren aus Standardterrarien reichen für Jemenchamäleons nicht aus. Die gewünschte Temperatur wird über die Wattstärke der Strahler und über deren Positionierung gewählt. Echsen, die wie das Jemenchamäleon aus Verbreitungsgebieten mit einer starken Absenkung der Nachttemperatur stammen, benötigen in den Vormittagsstunden zusätzliche Sonneninseln, um ihre Körpertemperatur zu erhöhen und verschiedene Lebensfunktionen wieder zu normalisieren (MASURAT 2000). Bei Haltung mehrerer Tiere während der Aufzucht oder beim paarweisen Zusammensetzen sollte jedem Tier ein eigener Sonnen- und somit Wärmeplatz zur Verfügung stehen. In 30 cm Entfernung erwärmen Spotstrahler je nach Modell und Verspiegelung Sonneninseln noch auf etwa 35-45 °C. Die Temperatur muss aber immer mit einem Thermometer kontrolliert werden. Die Höchsttemperatur unter Strahlern sollte in etwa 35-38 °C nicht überschreiten. Statt punktueller Bestrahlung sollte eine Fläche erwärmt werden, die der Körperlänge des Chamäleons entspricht (MASURAT 2000). In Hochterrarien führt die Wärmezufuhr über die Beleuchtung zu etwa 25-28 °C im Mittel- und 22-24 °C im unteren Bereich, so dass die Tiere ihre Vorzugstemperatur aufsuchen können (DOST 2000). Nachts sollte die Temperatur etwa 18-25 °C betragen. Je nach Terrarienstandort reicht es natürlich, nachts per Zeitschaltuhr die Heizung abzuschalten, so dass sich die Temperatur im Terrarium auf die normale Raumtemperatur absenkt. Ist der Raum zu kühl, empfiehlt sich ein Temperaturregler, der externe Heizkabel, Heizmatten oder Infrarotstrahler bedarfsgerecht aktiviert. Temperaturregler schützen das Terrarium auch vor Überhitzung. Dies kann sowohl bei defekten Heizgeräten, die sich nicht mehr abschalten, als auch im Sommer, wenn durch Sonneneinstrahlung und höhere Lufttemperaturen weniger geheizt werden muss, ausgesprochen wichtig sein. Mittels der Nachtabsenkungsautomatik von Temperaturreglern werden nicht einfach wie bei Zeitschaltuhren alle Heizsysteme komplett abgeschaltet. Stattdessen wird die Temperatur mittels Temperaturfühler regelmäßig gemessen und durch Ein- und Ausschalten der angeschlossenen Wärmequellen konstant auf der Solltemperatur gehalten. Im Handel gibt es analoge und digitale Temperaturregler. Ein zuverlässiger analoger Temperaturregler ist der Biotherm 2000. Er regelt beliebig viele Terrarien bis insgesamt 2.000 Watt Schaltleistung. Der Biotherm 2000 unterscheidet zwischen Tag und Nacht mit Hilfe einer Fotozelle und senkt die Temperatur je nach Modell um 5 °C, 8 °C oder auch 10 °C ab. Im Gegensatz dazu lässt sich der von Oliver DREWES entwickelte und von Dohse Aquaristik produzierte Biotherm pro digital programmieren. Er senkt die Temperatur in der Nacht ganz nach Belieben ab. Der Biotherm pro verfügt über eine Regelleiste mit 2 Steckplätzen. Zusätzlich zur ersten Temperaturregelung kann eine zweite, unabhängige Temperaturzone mit einem zweiten Temperaturfühler gesteuert werden. Alternativ lässt sich auf dem zweiten Steckplatz die Beleuchtung zeitgesteuert regeln oder eine Beregnungs- oder Befeuchtungsanlage mit sekundengenauer Schaltung oder vorprogrammierten Intervallen betreiben. Ohne zuverlässige Temperaturregler sind

zur optischen Kontrolle der Temperatur im Terrarium Thermometer unverzichtbar. Es gibt sie im Handel in unterschiedlichen Preisklassen. Geeignet sind analoge sowie digitale Modelle. Thermometer aus Quecksilber sollten im Terrarium, wo Bruchgefahr durch die Tiere besteht, nicht eingesetzt werden. In hohen Terrarien sollte mindestens ein Thermometer oben und ein weiteres unten angebracht werden.

Biotherm 2000 Temperaturregler schützen vor Überhitzung und senken nachts über eine Fotozelle die Temperatur ab.

Der Biotherm pro misst und regelt die Temperatur und verfügt über eine Zeitschaltuhr mit Sekundenschaltung und Intervallfunktion.

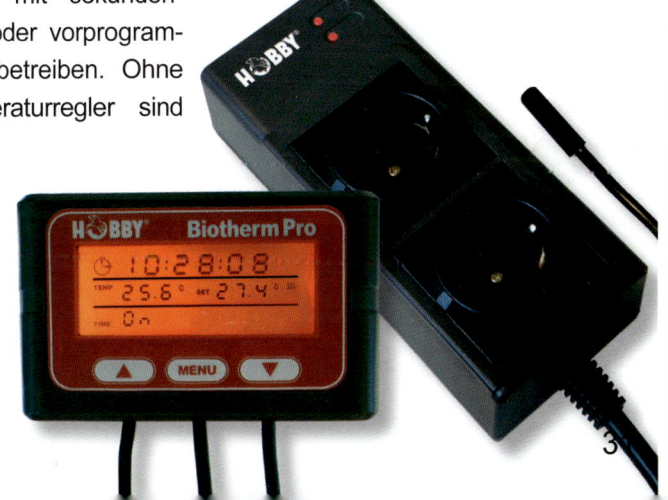

Beleuchtung im Terrarium

Bei der künstlichen Beleuchtung sind Helligkeit und Beleuchtungsdauer von Bedeutung. Selbst die stärkste Terrarienbeleuchtung entspricht kaum einer Lux-Zahl, wie sie in der Natur im Schatten unter Bäumen und Sträuchern zu finden ist. Bei zu geringer Beleuchtung entwickeln die Tiere nicht ihre volle Farbenpracht und ihre Aktivität ist sehr eingeschränkt. Tiere aus dem Äquatorbereich werden in der Natur konstant zwölf Stunden täglich beleuchtet. Die Beleuchtungsdauer muss aber nicht nur dem Tag-Nacht- sondern ebenso auch dem Sommer-Winter-Rhythmus gerecht werden. In den Wintermonaten kann man durch Reduzierung der Wattzahl der Leuchtmittel und kürzere Beleuchtungszeiten eine Ruhephase erreichen. Als Grundbeleuchtung werden oft standardmäßige T8 oder T5 Leuchtstoffröhren verwendet. Da die Beleuchtung – wie zuvor beschrieben – auch zur Beheizung eingesetzt wird, eignen sich neben lichtbesonders auch wärmeabgebende Leuchtmittel. Eine hohe Lichtausbeute weisen HQI-Strahler auf. Auch die birnenförmigen Quecksilberdampf-Lampen (HQL) geben

helles weißes Licht ab und sind aufgrund der hohen Lichtausbeute besonders für Terrarien ab 80 cm Höhe geeignet. Da sie viel Wärme abgeben, muss man die Lampen mit einer Keramikfassung betreiben, sie außerhalb des Terrariums anbringen und dabei einen Mindestabstand zu den Tieren und Pflanzen berücksichtigen. Bei 125 Watt-Strahlern sollten 15-20 cm Abstand ausreichen.

Quecksilberdampflampen eignen sich gut für Terrarien ab einer Höhe von 80 cm.

Als Grundbeleuchtung eignen sich für bepflanzte Terrarien wegen der farbverstärkenden Wirkung besonders Neodymium-Lampen. Diese Strahler streuen durch das Milchglas das Licht in breitem Kegel.

Neodymium-Lampen verstärken besonders die Farben in bepflanzten Terrarien.

Spotstrahler eignen sich zwar nicht zur allgemeinen Terrarienausleuchtung, empfehlen sich aber zur Schaffung so genannter „Sonneninseln". Man erkennt sie typischerweise am versilberten Grund der Lampe. Sehr gut einzusetzen sind auch die spritzwasserresistenten Pressglasreflektorlampen.

Halogenstrahler geben mehr Licht und Wärme ab und halten länger als herkömmliche Strahler.

An heißen Sommertagen werden Spotstrahler kürzer eingeschaltet, um Überhitzungen zu vermeiden. Bei stark wärmeabgebenden Strahlern ist zum Schutz vor Verbrennungen darauf zu achten, dass die Tiere nicht zu nah an die Leuchtmittel gelangen können.

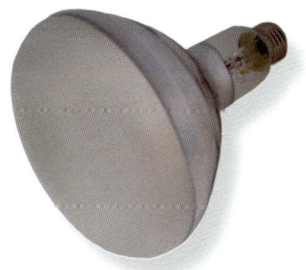

UV-B-Strahler dienen der Vitamin D_3-Synthese zur Prävention rachitischer Erkrankungen.

UV-B-Bestrahlung

Bei tagaktiven Echsen ist die UV-B-Strahlung für den Kalziumhaushalt entscheidend. Die UV-B-Emission von Leuchtstoffröhren reicht zur Vitamin D_3-Synthese nicht aus (vergleiche KOBER 2001). Nur mittels spezifischer UV-Strahler kann in der Haut der Echsen das Vitamin D_3 ausreichend gebildet werden, ohne das mit der Nahrung aufgenommenes Kalzium nicht verarbeitet werden kann. Ohne Kalzium bleiben die Knochen weich, und es kommt zu Verkrüppelungen (Rachitis) bis hin zum Tod. Die durch Vitamin D_3-Mangel bedingte Störung des Kalzium-Phosphor-Haushaltes wirkt sich nicht nur auf die Knochen, sondern auch auf die Muskeln aus (rachitische Muskelschwäche). Zur rachitisprophylaktischen Vitamin D_3-Synthese wird eine UV-B-Bestrahlung von 50 µW/cm² als ausreichend angesehen, während für Sonnenplätze 100-150 µW/cm² empfohlen werden (DIEGEL 2009). Alternativ zur Bestrahlung kann die Vitamin D_3-Versorgung auch durch Ergänzungsfuttermittel gewährleistet werden.

ERNÄHRUNG

Nahrungsspektrum

Als Futter, das den Tieren alle zwei bis drei Tage angeboten werden sollte, eignen sich alle Insekten, die von Jemenchamäleons überwältigt werden können. Die Tiere von Sascha ESSER fressen bevorzugt Fliegen und Stabheuschrecken (*Baculum spec.*). Auch Heimchen (*Acheta domesticus*), Steppengrillen (*Gryllus assimilis*) und Heuschrecken (häufig die Ägyptische Wanderheuschrecke *Locusta migratoria* oder auch die Marokkanische Wanderheuschrecke *Dociostaurus maroccanus*) in verschiedenen Größen werden gerne angenommen. Schwarze Futtertiere wie zum Beispiel Mittelmeergrillen, auch Zweipunktgrillen (*Gryllus bimaculatus*) genannt, werden oft verschmäht. In der Regel fressen sie diese nur, wenn sie frisch vitaminisiert sind und durch das Pulver hell aussehen. Deshalb sollte man nur so viele Mittelmeergrillen ins Terrarium setzen, wie die Tiere in kurzer Zeit fressen können. Wenn die Grillen eine Weile im Becken herumlaufen und das Pulver abstreifen, verlieren die Chamäleons meist das Interesse an ihnen. Stabschrecken werden selbst dann noch gefressen, wenn sie fast so lang sind wie junge Chamäleons selbst. Auch Schaben eignen sich sehr gut als Futter. Sehr beliebt sind grüne Futtertiere. Selbst das zurückhaltendste Tier schießt einem eine grüne Gottesanbeterin oder ein Wandelndes Blatt (*Phyllium spec.*) ohne Scheu aus der Hand. Gleiches gilt für grüne Schaben. Gerne wird auch vom Pfleger oft als „zu klein" angesehenes Futter gefressen. So konnte Sascha ESSER wiederholt beobachten, dass ein ausgewachsenes Jemenchamäleonmännchen *Drosophila*s geschossen hat. Übrigens wird das Futter nicht immer geschossen; sehr langsame Futtertiere, wie zum Beispiel Schnecken, werden auch schon mal einfach vom Ast gefressen. Semiadulte Tiere nehmen bereits pflanzliche Nahrung zu sich, wobei Sukkulentenblätter sehr beliebt sind. Die Annahme und der Anteil an phytophager Nahrung sind bei den Jemenchamäleons sehr individuell. KOBER (2001) weist darauf hin, dass die Aufnahme pflanzlicher Kost zumindest auch einen Teil des Wasserbedarfs zu decken scheint, da Tiere, denen wenig Wasser zur Verfügung steht, vermehrt Pflanzen fressen. HELLENDRUNG (2007) streut in seinem Terrarium Weizenkörner aus, die innerhalb kurzer Zeit austreiben und eine zusätzliche pflanzliche Nahrungsquelle darstellen. LUTZMANN (2000) bietet einen Überblick über das phytophage Verhalten innerhalb der Familie der Chamäleons und gibt weitere Interpretationsmöglichkeiten.

Während der Trächtigkeit der Chamäleonweibchen und nach der Eiablage füttert man im Museum Koenig sehr eiweißhaltige Nahrung wie Tebo- oder Wachsraupen und deren Motten. Auch Raupen der Rosenkäfer (im Handel meist *Pachnoda marginata)* eigenen sich gut. Mehlwürmer wurden von den Jemenchamäleons im Museum Koenig nie gefressen, worauf das Anbieten eingestellt wurde. Auf das Verfüttern von adulten Mäusen wird ganz verzichtet, lediglich den trächtigen Weibchen werden hin und wieder Babymäuse angeboten. Wichtig ist hierbei, dass diese Pinkymäuse schon ein paar Tage bei der Mutter trinken konnten. Anderenfalls weisen sie ein schlechtes Calcium/Phosphorverhältnis auf, was den Chamäleons eher schaden könnte (FREYE 2003).

Um den Tieren Abwechslung zu bieten, sollte man möglichst bei jeder Fütterung auf eine andere Futterart zurückgreifen. Jungtiere sollten täglich, wenn möglich sogar zwei Mal, gefüttert werden. Es sollte immer nur so viel Futter in das Terrarium eingebracht werden, wie in kurzer Zeit gefressen werden kann. Zu viele eingebrachte Futtertiere können sich verstecken und nachts am inaktiven Chamäleon erheblichen Schaden anrichten, wenn keine Nahrung im Terrarium gefunden wird. Auch werden Chamäleons von ständig auf ihnen landenden und krabbelnden Futtertieren gestresst. Dauerstress kann zum Tode führen. Eine gute Methode, Heimchen, Grillen und die meisten Schabenarten am Verstecken im Terrarium zu hindern, ist, sie dem Chamäleon in einer Dose anzubieten. Diese sollte so hoch sein, dass die Futtertiere nicht herausspringen können. Die besten Erfahrungen hat Sascha ESSER mit 500 ml Speiseeisbehältern gemacht. Wenn man darin nur abgezähltes Futter anbietet, hat man einen Überblick über die Menge der verzehrten Futtertiere. Es ist aber darauf zu achten, dass das Chamäleon die Dose selbständig verlassen kann. Sollte im Terrarium eine Sprenkleranlage eingebaut sein, ist es ratsam, einige kleine Löscher in den Dosenboden zu stechen, damit Wasser ablaufen kann.

Fruchtfliegen (*Drosophila spec.*) lassen sich mit einem einfachen Trick am Verlassen des Terrariums hindern. Man legt einfach eine Scheibe Banane oder Orange ins Terrarium, hierum versammeln sich dann die meisten der eingebrachten Fliegen und sind leichte Beute für das Chamäleon.

Ergänzungsfuttermittel

Eine gute Vitamin- und Mineralstoffzufuhr ist wichtig. Deshalb sollte man regelmäßig – bei trächtigen Weibchen und den sehr schnell wachsenden Jungtieren mit jeder Fütterung – die Futterinsekten vor dem Verfüttern mit Vitamin- oder Mineralpulver einpudern. Viele kleinere Futtertiere haben eine größere Oberfläche als ein großes Insekt und können somit mit mehr Vitaminpulver bestäubt werden. Futtertiere, die nicht sofort gefressen werden, streifen sich einen Großteil des Pulvers wieder ab. Grundsätzlich sollte man nicht immer dasselbe Präparat benutzen. Der Handel bietet heutzutage die verschiedensten Ergänzungsfuttermittel an, sogar speziell auf Chamäleons ausgerichtete. Nach persönlicher Erfahrung von Sascha ESSER sollte dabei Korvimin ZVT Reptil, das über den Tierarzt erhältlich ist, nicht fehlen. Für Chamäleons im Wachstum und für

trächtige Weibchen sollte zusätzlich immer eine kleine Schale mit zerstoßenem Sepiaschulp im Terrarium stehen. So können die Tiere ihren Kalziumbedarf jederzeit decken. Einer der größten Fehler, den man machen kann, ist es, frisch erworbene Futterinsekten aus der Dose zu verfüttern. Teilweise stehen die Futtertiere schon mehrere Tage im Zoogeschäft. Selbst wenn sie frisch geliefert wurden, weiß man nicht, wie lange sie sich schon in den Dosen befinden und was sie beim Züchter zu fressen bekommen haben. Deshalb empfiehlt es sich, die neuerworbenen Futtertiere erst einmal in ein kleines Terrarium oder eine Faunabox umzusiedeln. Hier können sie dann zwei bis drei Tage mit Futter und Feuchtigkeit versorgt werden. Je besser ein Futtertier ernährt ist, umso besser für das gepflegte Terrarientier. Da die meisten Futtertiere schnell ertrinken, sollte man ihnen keine Schale voll Wasser anbieten. Besser eignen sich zum Beispiel Ziervogeltränken. Einem Futterautomaten ähnlich läuft hier das Wasser nach, und eine tägliche Kontrolle entfällt. In den Auslauf der Spender sollte man noch Aquarienfilterwatte oder Schaumstoff stecken. Gerade Heimchen klettern sonst hinein und ertrinken.

Als Futter für Futtertiere eignen sich die unterschiedlichsten, frisch gesammelte Kräuter oder Gräser wie Klee oder Löwenzahn. Auch Karotten können angeboten werden. Wenn im Winter nichts mehr in der Natur zu finden ist, kann man auch verschiedenste Salate und Chicorée verfüttern. Das Frischfutter sollte zur Vermeidung von Schimmelpilz täglich gewechselt werden. Zusätzlich kann man Kraftfutter wie Hundefutter, Haferflocken oder Fischfutter anbieten. Im Zoologischen Forschungsmuseum Alexander Koenig ernährt man so seit über sieben Jahren erfolgreich selbst gezüchtete Mittelmeergrillen und Heimchen. Fliegenmaden lagert man am besten im Kühlschrank, damit es nicht zum Massenschlupf kommt. Diese werden dann portionsweise in Heimchendosen abgepackt. Die geschlüpften Fliegen werden mit einer Mischung aus Blütenpollen und Honig gefüttert und so ausreichend aufgewertet. Die Mischung sollte man bereits vor dem Schlupf in einem Flaschendeckel anbieten.

Wasserbedarf

Chamäleons trinken häufig nur tropfendes Wasser. Auch wenn sie nur selten Trinkschalen nutzen, sollten sie trotzdem angeboten werden. Die Wasseraufnahme nach dem Sprühen geschieht entweder durch Schießen der sich bildenden Wassertropfen mit der Zunge oder aber durch einfaches Auflecken. Des Weiteren kommen Tropftränken, so genannte Dripper in Frage. Diese kann man fertig im Handel erwerben oder sich aus einer Plastikflasche und einem regelbaren Infusionsschlauch selber bauen. Die Tropftränke sollte man dann über einen Behälter gleichen Volumens hängen, um eine Überschwemmung zu vermeiden. Zusätzlich sollte dem Tier beigebracht werden, aus einer Pipette zu trinken. Bei dieser Methode ist es ein Leichtes, dem Tier, wenn nötig, zugesetzte Vitamine zu verabreichen. Auch Medikamente können so stressfrei zugeführt werden. Zum Beregnen benutzt Sascha Esser einen Druckluftsprüher, den man auf die Funktion Sprühen mit Strahl einstellen kann. Die meisten Tiere haben gelernt, auch hieraus zu trinken.

PFLEGE

Hygiene

Die Sauberkeit des Terrariums ist ein wesentlicher Faktor in der Krankheitsprävention. Regelmäßig sollte der Kot abgesammelt, sollten mit Kot verunreinigte Dekorationen mit warmem Wasser gereinigt und Häutungsrückstände der Chamäleons entfernt werden. Bei der Reinigung sollte man statt haushaltsüblicher, chemischer Mittel spezielle tierverträgliche Reinigungs- und Desinfektionssprays benutzen. Für Kalkspuren, die sich nach der Sprühung mit hartem Leitungswasser an den Scheiben bilden, gibt es spezielle tierverträgliche Kalkentferner. Trinkschalen und Tropftränken müssen täglich mit frischem Wasser befüllt werden. Reinigungs- und Fütterungsutensilien sollten nach jedem Gebrauch gereinigt und nicht für andere Terrarien benutzt werden. Pinzetten, die zur Fütterung benutzt werden, dürfen nicht gleichzeitig zum Absammeln von Kot benutzt werden. Der Bodengrund sollte spätestens bei Geruchsentwicklung gewechselt werden. Natürliche Dekoration, die schnell verrottet oder schnell Schimmel ansetzt, sollte vermieden werden. Wird ein Terrarium mit anderen Tieren besetzt, muss es zuvor vollständig desinfiziert werden.

Greifen und Halten

Chamäleons sollten nur angefasst werden, wenn es unbedingt erforderlich ist. Suchen sie, sobald man sich dem Terrarium nähert, keinen Schutz mehr oder lassen sich mit der Pipette tränken, so ist dies schon als ausgesprochen zahm anzusehen. In seltenen Fällen werden Chamäleons so zahm, dass sie freiwillig auf die Hand klettern. Am besten werden sie behutsam mit einer Hand in Richtung der zweiten dirigiert. Hierbei ist zu beachten, dass sich Chamäleons in Gefahrensituationen oder wenn sie sich erschrecken gerne einfach fallen lassen, was zu Verletzungen führen kann. Lassen sich die Tiere nicht auf die Hand führen, sollten sie behutsam ergriffen werden. Auch Chamäleons können flink werden und zu flüchten versuchen. Vorsicht ist geboten, da sie nach Drohgebärden auch fest zubeißen können. Die Tiere sind daher kurz hinter dem Kopf am Körper zu fassen. Mit Daumen und Zeigefinger wird der Kopf fixiert, die Handfläche liegt so über dem Rücken des Tieres. Mit der zweiten Hand umfasst man das Tier direkt am Körper oder streckt seine Hinterbeine nach hinten parallel zum Rumpf. Wird man von verschreckten Tieren tief gebissen, sollte die Wunde gesäubert und desinfiziert werden.

Krankheiten und Verletzungen

Anders als Verletzungen sind Krankheiten schwerer zu erkennen, so dass es je nach Stadium der Erkrankung oftmals schon zu spät ist, das Chamäleon zu kurieren. Daher sollte die Prävention von Erkrankungen das Anliegen des Halters sein. Vor allem sollte Stress als ein abwehrschwächender Faktor so gering wie möglich gehalten werden. Nachfolgend werden die für Jemenchamäleons typischsten Erkrankungen in alphabetischer Reihenfolge kurz beschrieben. Eine Beschreibung der häufigsten Krankheiten mit empfohlenen Maßnahmen findet sich im Buch „Kompaktwissen Echsen" (DREWES 2005) oder „Krankheiten der Amphibien und Reptilien" (KÖHLER 1996). Eine Liste von Tierärzten, die sich gut mit der Behandlung von Reptilien auskennen, ist im Internet unter http://www.vivaria-verlag.de/Tierarzt.htm zu finden.

BISSVERLETZUNGEN fallen durch mehr oder weniger tiefe, gut sichtbare Haut- und Fleischwunden auf. Wunden lassen sich zum Beispiel mit Salbeitinktur oder Calendulaessenz desinfizieren. Bei größeren Verletzungen ist ein Tierarzt aufzusuchen. Bei Verletzung durch Artgenossen sollte die Einrichtung auf ausreichende Verstecke und Sichtschutz geprüft oder die Tiere sollten getrennt werden. Bei Verletzungen durch Futtertiere muss zukünftig sichergestellt werden, dass keine Futtertiere im Terrarium verbleiben. Ein **DARM- ODER HEMIPENISVORFALL** ist als ausgestülpte Kloake mit Anhängsel erkennbar. Die sofortige Behandlung durch den Tierarzt ist erforderlich. Beim Transport sollte der Bereich um die Kloake möglichst mit feuchter Mullbinde vor dem Austrocknen geschützt werden. **EINTROCKNUNG VON ZEHEN UND SCHWANZ** zeigt sich durch Absterben von Zehen und Schwanz auf Grund von Durchblutungsstörungen oder durch eingeschränktes Kletterverhalten. Im akuten Fall ist die Behandlung durch den Tierarzt, gegebenenfalls eine Amputation, erforderlich. Präventiv sollte man für die richtige Luftfeuchte sowie eine ausgewogene und vitaminreiche Nahrung sorgen (siehe auch „Häutungsschwierigkeiten"). **ENDOPARASITEN** wie Cryptosporidien und Kokkzidien sind nicht wie andere als kleine Würmer oder deren Eier im Kot sichtbar oder lassen sich an der Abmagerung der Tiere erkennen. Lassen Sie deshalb den Kot vom

Tierarzt untersuchen. Die Behandlung erfolgt je nach Art des Parasiten. **GICHT** ist eine bei Reptilien nicht selten vorkommende Erkrankung, die auf Nierenstörungen und -schädigungen zurückzuführen ist. **Symptome** sind knotige Auftreibungen im Gelenkbereich, Apathie und Fressunlust, manchmal Lähmungserscheinungen an den Hintergliedmaßen; manchmal treten bis zum plötzlichen Tod aber auch keine Symptome auf. Sofern Gicht überhaupt heilbar und nicht infektionsbedingt ist, sollten mögliche Ursachen wie z.B. Wassermangel, zu hohe Haltungstemperaturen, unhygienische Haltung, unausgewogene Ernährung sowie Vitamin A-Mangel abgestellt werden. Gewissheit, ob eine Gichterkrankung vorliegt, gibt nur die Untersuchung des Harnsäurespiegels im Blut durch den Tierarzt. **HÄUTUNGSSCHWIERIGKEITEN** fallen auf, wenn die Tiere Probleme haben, die alte Haut abzustreifen. Maßnahmen sind Überprüfung der Luftfeuchtigkeit, warmes Baden der Tiere und eventuell äußerst vorsichtiges Abziehen der alten Haut mit einer Pinzette. Andere Ursachen können zu niedrige Temperaturen oder Milbenbefall sein. Danach empfiehlt es sich, das Tier beim Arzt auf Allgemeinerkrankungen wie Lungen- und Darmentzündung, Virusinfektion oder Organversagen untersuchen zu lassen. **LEGENOT** äußert sich durch Apathie und Nahrungsverweigerung trächtiger Weibchen. Auslöser können Störung oder Umsetzung beziehungsweise das Fehlen eines geeigneten Eiablageplatzes sein. Die Eier sind deutlich zu sehen oder zu ertasten. Erforderlich ist ein sofortiges Aufsuchen des Tierarztes, der durch eine Notoperation das Tier eventuell noch retten kann. Sofern die Legenot also nicht durch Entzündung der Eileiter oder Veränderung der Eier im Mutterleib bedingt ist, müssen bei Überleben des Tieres künftig geeignete stressfreie Ablagebedingungen, ein geeigneter Ablageplatz und eine ausreichende Kalziumversorgung gewährleistet werden. **LUNGENENTZÜNDUNG** verrät sich durch Trägheit bis zur Verweigerung der Nahrungsaufnahme. Die Nasenlöcher sind mit Schaum überzogen, ein ruckartiges Maulöffnen sowie Röcheln nach Luft kann beobachtet werden. Gegebenenfalls muss die Luftfeuchtigkeit herab- und die Temperatur heraufgesetzt werden, zudem müssen Vitamine zur Steigerung der Abwehrkräfte verabreicht werden. Eine Behandlung durch den Tierarzt ist jedoch unvermeidlich. **MAULFÄULE** oder **KIE-**

CHAMAELEO CALYPTRATUS

FERVEREITERUNG lassen sich durch gelbliche Beläge an den Seiten der Zahnleisten, Gewebezerfall im Maul, Abszesse sowie trockenen Schleim in der Maulgegend diagnostizieren. Ein Abtupfen mit Kamillentee oder die Gabe von Vitaminen zur Steigerung der Abwehrkräfte ersetzen nicht die hier dringend erforderliche Behandlung durch den Tierarzt, da die Krankheit tödlich endet. **RACHITIS** erkennt man an Deformierungen des Skeletts und wird durch eine falsche Vitamin D_3- und/oder Kalziumversorgung sowie zu geringe UV-Bestrahlung verursacht. Das Kalzium-Phosphor-Verhältnis in der Nahrung ist zu optimieren, die Vitamin- und vor allem Kalziumzu-gabe bzw. die UV-B-Bestrahlung ist zu überprüfen. **VERBRENNUNGEN** zeigen sich als Wundstellen durch fehlerhaft installierte Strahler und Heizsysteme. Leichte Verbrennungen lassen sich mit einprozentiger Tanninsalbe, einer Wundsalbe wie Bepanthen oder einer Lebertransalbe wie Unguentolan behandeln. Man kann die Tiere in Kaliumpermanganat $KMnO_4$ (10 mg/l) baden. Schwerere Verbrennungen müssen vom Tierarzt mit speziellen Antibiotikasalben behandelt werden, um Folgeinfektionen auszuschließen. Man sollte den Abstand zu Wärmestrahlern und deren Watt-Stärke überprüfen und diese möglichst mit Schutzkörben versehen.

Alle tagaktiven Echsen benötigen zur Vorbeugung von Rachitis neben futterergänzenden Kalziumgaben Vitamin D_3. Dieses wird durch den UV-B-Anteil im Sonnenlicht beziehungsweise durch die künstliche Bestrahlung im Terrarium mit entsprechenden UV-Strahlern in der Haut der Echse selbst synthetisiert. Es kann auch in Form von Vitaminpräparaten verabreicht werden. Ohne Vitamin D_3 kann selbst über die Nahrung ausreichend aufgenommenes Kalzium nicht verarbeitet werden. Wird es aus Knochen abgebaut, entstehen die für Rachitis typischen, irreversiblen Verkrüppelungen des Skelettes und der Gliedmaßen.

VERMEHRUNG

Fortpflanzung

Chamaeleo calyptratus zur Paarung zu bringen, ist nicht wirklich schwer. Wenn man ein gesundes Pärchen hat, wird man es auch zur Fortpflanzung bringen. Eine Winterruhe ist für die Zucht nicht notwendig, aber bei einer dauerhaften Gruppen- oder Pärchenhaltung zur Erholung der sonst dauerträchtigen Weibchen anzuraten. Hierzu sollte zum letzten Drittel des Jahres langsam die Dauer der Beleuchtung auf sechs Stunden reduziert werden. Gleichzeitig wird auch die Futterzufuhr verringert und schließlich eingestellt. Erst dann kann das Tier in den vorbereiteten Überwinterungsbehälter umgesetzt werden.
Dabei sollte die Temperatur zwischen 10 °C und 15 °C liegen. Tägliche Kontrolle und tägliches Tränken sollte auch in der etwa zwei- bis dreimonatigen Ruhephase selbstverständlich sein. Wichtig ist, dass im Überwinterungsterrarium keine Futtertiere mehr vorhanden sind, diese könnten den fast unbeweglichen Chamäleons gefährlich werden. Vermutlich wirkt sich eine Winterruhe auch positiv auf das Höchstalter der Tiere aus.

Jemenchamäleons sind meist schon im jungen Alter zur Fortpflanzung bereit, aber um einer Legenot vorzubeugen, sollte das Paar nicht vor dem ersten Lebensjahr zusammen gebracht werden. Es empfiehlt sich deshalb, Pärchen zumindest bis dahin getrennt zu halten.

Männliche Jemenchamäleons sind immer fortpflanzungsbereit.

Die weiblichen Tiere sind bei der Pflege in Terrarien zur Fortpflanzung zwar nicht saisonal gebunden, dennoch nicht immer bereit. Ihre Fortpflanzungsbereitschaft zeigen die Weibchen den männlichen Tieren durch eine besondere Färbung. Hier sind die sonst eher braunen Flecken auf dem Körper orangefarben. Nach KOBER (2001) erkennt man mit etwas Erfahrung paarungsbereite Weibchen an türkisfarbenen Einfärbungen im oberen Rückenbereich, die in der normalen Grundfärbung nicht vorkommen. Wenn man zu diesem Zeitpunkt die Geschlechter zusammensetzt, zeigt das Männchen umgehend Interesse. Neben der teilweise auftretenden Unverträglichkeit ist auch eine zu häufige Trächtigkeit ein Problem bei der Paarhaltung. Mehr als ein oder zwei Gelege im Jahr sollten dem Weibchen nicht zugemutet werden. Tendenziell kann man sagen, je häufiger ein Weibchen Eier legt, desto jünger verstirbt es. Orientierungsprobleme, wie SCHMIDT (1999) sie beschreibt, konnte Sascha ESSER, wenn er das Männchen zum Weibchen gesetzt hat, noch nie beobachten. Das Setzen des Männchens zum Weibchen entspricht mehr dem natürlichen Verhalten, da in der Natur die Männchen auf die Suche nach den Weibchen gehen und nicht umgekehrt (LUTZMANN, mündliche Mitteilung). Normalerweise beginnt die Kontaktaufnahme mit einem Kopfnicken. In der Regel reagiert das Weibchen hierauf nicht. Um seiner Balz Nachdruck zu verleihen, flacht das Männchen seinen Körper ab und zeigt seine Breitseite nun in den schönsten Farben. Im Folgenden versucht sich das Männchen mit dem für Chamäleons typischen Schaukelgang dem Weibchen zu nähern. Dabei kann ein rhythmisches Auf- und Abrollen des Schwanzes beobachtet werden.

Nicht paarungswillige Weibchen fauchen die Männchen mit offenem Maul an und färben sich sehr dunkel. Paarungswillige Weibchen hingegen zeigen orange- und türkisfarbene Punkte, ähnlich der Graviditätsfärbung.

Sollte es in den ersten zwei Stunden nicht zur Paarung kommen, empfiehlt es sich, das Paar wieder zu trennen und es zu einem späteren Zeitpunkt erneut zu versuchen. Andernfalls reagiert das Weibchen bissig auf weitere Annäherungsversuche des Männchens. Ein paarungsbereites Weibchen beachtet das Männchen nicht und verharrt in seiner Stellung. Es kommt aber auch vor, dass es gefolgt vom Männchen ruhig weiter durchs Terrarium zieht. Sollte sie beim Erreichen nicht stehen bleiben, versucht er sie mit Kopfstößen am Weiterlaufen zu hindern. Sobald sie steht, klettert er auf sie und versucht, seine Kloake auf ihre zu drücken. Die Kopulation kann in wenigen Minuten erfolgen oder bis zu einer knappen Stunde dauern und in den nächsten Stunden und Tagen wiederholt werden, bis das Weibchen mit seitlichen Kopfstößen abblockt (HELLENDRUNG 2007).

Meist wird abwechselnd mit jeweils einem der beiden Hemipenise gepaart, wobei eines der Hemipenise aber häufig bevorzugt wird.

Nach erfolgreicher Paarung zeigt das Weibchen eine sehr hübsche kontrastreiche Färbung. Auf dunkelgrüner bis fast schwarzer Grundfärbung sind gelb- und türkisfarbene Zeichnungen zu sehen. Manche Weibchen zeigen diese Färbung während der gesamten Trächtigkeit, andere nur in Stresssituationen, wie dem Annähern eines Männchens (vergleiche KOBER 2001). Gelegentlich kommt es vor, dass nun meist das Männchen nicht mehr im Terrarium geduldet wird. Um dem Weibchen zusätzlichen Stress zu ersparen, sollte man das Paar in dieser Zeit getrennt halten. Infolge der erfolgreichen Paarung steigt beim Weibchen vor Ablauf einer Woche der Appetit und es nimmt sichtbar an Umfang zu. Jetzt ist es besonders wichtig, darauf zu achten, es hochwertig zu ernähren. Erst etwa eine Woche vor der Eiablage können die Weibchen die Nahrungsaufnahme einstellen. Die Dauer der Trächtigkeit beträgt in der Regel mindestens drei bis vier Wochen. Sie ist aber abhängig von den Haltungstemperaturen und der Möglichkeit sich zu sonnen. Bei dem von Sascha ESSER im Freiterrarium gehaltenen Weibchen dauerte bei einer Temperatur von durchschnittlich 24 Grad und wenig Sonne die Trächtigkeit fast fünf Wochen an. Im Terrarium unter optimalen Bedingungen dauerte sie selten länger als drei Wochen. *Chamaeleo calyptratus* Weibchen scheinen zu einer Speicherung von Samen in einem speziellen, bläschenförmigen Organ (*Receptacula seminis*) befähigt zu sein, da ein von FRITZ & SCHÄTTI (1987) im Frühjahr aus der Natur entnommenes Weibchen auch ohne weiteren Kontakt zu einem Männchen im Juli des gleichen Jahres befruchtete Eier ablegte.

Eiablage

Etwa drei bis vier Tage vor der Eiablage kann das Weibchen mit Probegrabungen beginnen. Erfahrene Weibchen graben häufig nur einmal. Schon vorher sollte für eine optimale Eiablagestelle gesorgt werden. Ideal wäre es, wenn im gesamten Behältnis eine Substrathöhe von mindestens 20 Zentimetern eingebracht wäre, mindestens aber genauso tief, wie das Tier lang ist. Sollte dies nicht der Fall sein, muss man eine Ausweichmöglichkeit schaffen. Man setzt das Tier in ein Terrarium um, das entweder diese Bedingung erfüllt oder so groß ist, dass man einen Ablagebehälter, wie z.B. einen 10 Liter Eimer, hineinstellen kann.

Alternativ cotzt man das Weibchen außerhalb des Terrariums in einen Eimer. In diesem sollten mindestens 20 Zentimeter grabfähiges Substrat vorhanden sein.

Um dem Tier die nötige Ruhe zu bieten, verwendet man einen gelochten Deckel oder verschließt den Eimer mit einem Spültuch und einer Schnur. Das Substrat sollte leicht feucht und grabfähig sein. Verwendet man die Eimermethode, sollte sichergestellt werden, dass das Substrat nicht auskühlt. Dazu stellt man den Eimer z.B. einfach in das eigentliche Terrarium. Hier ist darauf zu achten, dass er nicht direkt im Kegel der Wärmelampen steht. Sand mit Lehmanteil, wie z.B. Spielkastensand, eignet sich hervorragend. Erst wenn das Weibchen seine mehrstündige und von Pausen unterbrochene Eiablage abgeschlossen hat, sollten die Eier ausgegraben werden. Im Terrarium ist es manchmal schwierig, den Ablageort zu finden, da der Boden nach der Eiablage vom Weibchen meistens mit dem Kopf festgedrückt wird. Es kann auch vorkommen, dass sie noch bis zu acht Stunden nach der Ablage in der gegrabenen Höhle verharrt. Dies muss nicht auf den kräftezehrenden Legevorgang allein zurückzuführen sein. Im Terrarium konnte wiederholt beobachtet werden, dass das Nest vom Weibchen bewacht wird. Teilweise wurde noch drei Tage nach dem Entnehmen wieder Erdreich über das nicht mehr vorhandene Gelege geschaufelt. Bei bis zu vier weiteren Gelegen ohne erneute Paarung steigt der Anteil unbefruchteter Eier an (SCHNEIDER 2007). HELLENDRUNG (2007) empfiehlt, Weibchen in den ersten Tagen nach der Eiablage nicht mehr als normal zu füttern, da die Eizahl im darauf folgenden Gelege drastisch steigt. Sascha ESSER konnte diese Erfahrung mit der Zucht seiner Jemenchamäleons nicht bestätigen, da die Tiere im Zoologischen Forschungsmuseum zwar nach der Eiablage etwas mehr, aber immer nur in Maßen gefüttert werden. Von der Eiablage geschwächte Weibchen, die nach drei Tagen nicht von selbst Nahrung und Wasser aufnehmen, sollten per Pipette mit frischem Wasser und mit einem Brei aus zwei großen Grillen, einer eineinhalb Zentimeter großen Bananenscheibe und zwei Messerspitzen Mineralpulver zwangsgefüttert werden. Während der insgesamt etwa zweiwöchigen, zunächst täglichen, dann zwei- bis dreitägigen Fütterung wird erst durch Anbieten einer Heuschrecke getestet, ob das Weibchen wieder selbständig frisst (SCHNEIDER 2007).

Inkubation

Die gelegten Eier – im Erstgelege können es über 20, in späteren Gelegen sogar über 70 sein – sollten möglichst sofort entnommen und unter kontrollierten Bedingungen inkubiert werden. Zwar ist es in den ersten 24 bis 48 Stunden nicht weiter tragisch, die Eier von Reptilien zu drehen (BISCHOFF, mündliche Mitteilung), trotzdem ist ein vorsichtiger Umgang wichtig.

Einmal im Substrat eingebettete Eier sollten nicht mehr bewegt werden.

Mit einem weichen Stift kann man die Oberseiten der Eier auch farblich markieren. Zur Eierzeitigung eignen sich viele Substrate. Das simpelste ist Sand, leider lassen sich hiermit aufgrund der Schwierigkeit bei der Einhaltung der Substratfeuchte nur mit der nötigen Erfahrung gute Ergebnisse erzielen. Einfacher zu handhaben ist Vermiculite. Dieses hauptsächlich für Bauzwecke hergestellte

Isoliermaterial hat viele positive Eigenschaften zur Inkubation von Eiern. Es hält gut die Feuchtigkeit und ist recht grobkörnig, so dass auch noch Luft an die Eier kommt. Die richtige Feuchte erhält man z.B., wenn es erst komplett durchnässt und danach das überschüssige Wasser in der Hand wieder herausgedrückt wird. Wenn man jetzt noch einen kleinen Anteil Seramis untermischt, kann man den Feuchtigkeitsgrad während der gesamten Zeit anhand der roten Färbung abschätzen. Des Weiteren kann die Substratfeuchte auch durch das Zusammendrücken zwischen den Fingern getestet werden. Es sollte sich ein Tropfen bilden, der nicht abfällt. Durch das Wiegen des Zeitigungsbehälters kann man den eventuellen Wasserverlust auch genauer bestimmen und ebenso genau nachfeuchten. Ob die Eier ganz oder nur zu drei Viertel eingegraben werden, ist jedem selbst überlassen. Persönlich hat Sascha ESSER bisher die größten Erfolge mit Eiern erzielt, die mindestens mit etwa 5 Millimetern Inkubationsmaterial bedeckt waren. Diese Methode bringt etwas mohr Arbeit mit sich, denn zur regelmäßigen Kontrolle alle zwei Wochen müssen die Eier dann vorsichtig mit einem Pinsel freigelegt werden. Von Vorteil ist hierbei, dass kein Kondenswasser auf das Gelege tropfen kann.

Alternativ kann man die Eier mit einem Wattevlies abdecken, wie es für Aquarienfilter zu erwerben ist, oder man kann den Zeitigungsbehälter mit dem Vermiculite etwas schräg stellen, damit Kondenswasser am Deckel seitlich ablaufen kann. Als Behälter cignen sich zum Beispiel Heimchendosen oder Dosen ähnlicher Art. In verschlossenen Behältern trocknet das Substrat nicht so schnell aus. Durch einen transparenten Deckel lässt sich die Entwicklung optisch gut verfolgen. Die Dosen werden in den vorbereiteten Inkubator überführt.

In Brutapparaten lassen sich auf Plastikdosen verteilt Eier mehrerer Gelege oder bei ähnlichen Inkubationstemperaturen Gelege mehrerer Arten gleichzeitig bebrüten.

Die Temperatur, bei der das Gelege gezeitigt werden kann, ist sehr variabel. Temperaturen zwischen 24 und 30 Grad bringen den erwünschten Erfolg. Sogar eine kurzzeitige Erwärmung über 30 °C wird vertragen, doch scheinen sich dauerhaft hohe Temperaturen ungünstig auf die Schlupfrate und vor allem die Konstitution der Jungen auszuwirken. Als ideal haben sich etwa 27 Grad erwiesen. KOBER (2001) weist – nach Erfahrung von Sascha ESSER zu Recht – darauf hin, dass kühlere Temperaturen und Nachtabsenkung zu größeren und kräftigeren Schlüpflingen führt. Doch muss man dafür eine Verlängerung der Inkubationszeit in Kauf nehmen.

Während der Inkubationsdauer nehmen die befruchteten Eier sichtbar an Volumen zu. Teilweise sind sie kurz vor dem Schlupf doppelt so dick wie bei der Ablage. Unbefruchtete Eier, die bis zu einem Viertel eines Geleges ausmachen können, trocknen im zweiten bis dritten Monat ein. Beim Überprüfen des Geleges werden diese entfernt, um Fäulnisbildung und Pilzbefall zu verhindern.

Schlupf und Aufzucht

Nach etwa 120 bis 280 Tagen schlüpfen die Jungtiere. Aus Eiern, die bei 30 Grad gezeitigt wurden, schlüpfen die Nachzuchten in der Regel früher, aus kühler inkubierten etwas später. KOBER (2001) vermutet, dass zwischen der Inkubationstemperatur und der Geschlechtsausprä-

gung ein Zusammenhang besteht. Bei ihm führten konstante Inkubationstemperaturen von 30 °C zum Schlupf fast ausschließlich männlicher Tiere. Die Geschlechtsfestlegung über die Temperatur statt über Geschlechtschromosomen ist bei Tieren wie Krokodilen, Schildkröten und einigen Echsen bekannt, konnte für Chamäleons aber noch nicht wissenschaftlich nachgewiesen werden (LUTZMANN 2007b).

Im Gegenteil ergab die durch ANDREWS (2005) durchgeführte Untersuchung von 200 Eiern aus 5 Gelegen, aufgeteilt in drei Gruppen, die bei 24,8 °C, 28,0 °C bzw. 29,9 °C inkubiert wurden, bei einer Schlupfrate von 92 % eine statistisch erwartete Verteilung von 98 Weibchen zu 84 Männchen. Somit muss weiter davon ausgegangen werden, dass die Geschlechtsfestlegung bei Jemenchamäleons genetisch bedingt ist. Dies deckt sich auch mit den eigenen Beobachtungen. Der Schlupf selber kündigt sich mit dem Schwitzen der Eier an. Es bilden sich Tropfen auf der Oberseite, und das Volumen verringert sich wieder leicht. Danach schlitzen die Babys die Eihülle mit ihrem Eizahn auf. Der Vorgang vom Anschlitzen bis zum vollständigen Schlupf kostet die Jungen viel Kraft und kann bis zu einen Tag dauern.

Die Größe der Schlüpflinge variiert von 5,2 bis maximal 7,5 Zentimetern.

Die Größe der geschlüpften Jemenchamäleons ist Schneider (2006) zufolge nicht von der Inkubationsdauer, sondern eher von der Eigröße abhängig. Die Kopf-Rumpf-Länge ist in der Regel identisch mit der Schwanzlänge. Der komplette Schlupf eines Geleges kann innerhalb eines Tages vonstatten gehen. Manchmal liegen aber zwischen dem ersten und dem letzten Jungtier bis zu drei Wochen. Kober (2001) beschreibt, dass der gleichzeitige Schlupf bzw. ein früherer Schlupf von Nachzüglern provoziert werden kann, indem die Eier angefeuchtet oder im Inkubator auf feuchtes Wattevlies gelegt werden.

In den ersten Tagen zehren die Schlüpflinge noch von ihrem Dottersack. Manche Exemplare schleppen ihren Dottersack noch eine Weile an der Nabelschnur mit sich herum. Ein Verheddern und Abreißen im Geäst lässt eine blutende Stelle zurück,

die aber im Normalfall schnell trocknet und verheilt (Dost 2000). Nach Aufzehrung oder Verlust des Dottersacks sollte den Nachzuchten frühestens ab dem dritten Tag Futter angeboten werden. Manche Tiere nehmen auch erst nach einer Woche Futter an.

Die Aufzucht der Jungen kann zunächst zusammen erfolgen.

Männliche Tiere sind spätestens in der zweiten Woche nach dem Schlupf bereits gut an ihren Fersenspornen zu erkennen. Bis zum dritten Monat, wenn die Nachzuchten beginnen, ihre Farben auszubilden, vertragen sie sich sehr gut. Danach sollten sie in kleinere Gruppen aufgeteilt werden. Diese sollten immer mindestens aus vier Tieren bestehen. So verhindert man, dass Revierstreitigkeiten aufkommen. Dost (2000) empfiehlt, die Gruppe immer wieder nach gleichen Größen neu zusammenzusetzen, um ausreichend Futteraufnahme zu ermöglichen und Stresssituationen zu vermeiden.

Weitaus besser und insbesondere für den Einsteiger sicherer ist es, wenn Nachzuchten von Anfang an einzeln gehalten werden.

Jemenchamäleons wachsen sehr schnell. So beschreibt KOBER (2001) ein Tier seiner Nachzucht, das nach fünf Monaten bereits über 30 Zentimeter gemessen hat. Des Weiteren weist er auf die Notwendigkeit hin, die Geschlechter ab dem vierten Monat zu trennen, da frühzeitige Trächtigkeit bei den Weibchen verlangsamtes Wachstum bis zur Legenot zur Folge haben kann. Die Haltung an sich kann während der Aufzucht wie bei den Alttieren erfolgen. Dabei ist darauf zu achten, dass die Temperatur längerfristig 30 °C nicht übersteigt. Die Jungen sollten immer reichlich mit Futter versorgt werden. Hierfür eignen sich alle kleineren Invertebraten, wie zum Beispiel *Drosophila* oder frisch geschlüpfte Grillenarten. Auch die Juvenilen haben einen ähnlich hohen Bedarf an hochwertigem Futter.

Während männliche Tiere ab dem 3. Monat beginnen, aggressiv aufeinander zu reagieren, weist KOBER (2001) darauf hin, dass weibliche Tiere untereinander viel toleranter sind und dass er zwei oder mehrere Tiere oft lebenslang in demselben Terrarium pflegen konnte.

Ab dem vierten Monat entwickelt sich ein Größenunterschied zwischen den Geschlechtern, die Männchen nehmen schneller an Größe zu.

Damit sich die Jungtiere mit reichlich Flüssigkeit versorgen können, muss das Becken zweimal täglich überbraust werden.

HILFREICHE ADRESSEN

Herpetologische Gesellschaften und Organisationen

Bundesverband praktischer Tierärzte e.V., Hahnstraße 70, 60528 Frankfurt, Tel.: 069/66 98 18-0, www.tieraerzteverband.de, BPT-eV@t-online.de

Deutsche Gesellschaft für Herpetologie und Terrarienkunde (DGHT) e.V., Geschäftsstelle, Postfach 1421, 53351 Rheinbach, Tel.: 0 22 25/70 33 33, www.dght.de, gs@dght.de

Zentralverband Zoologischer Fachbetriebe Deutschlands e.V. (ZZF), Postfach 14 20, 63204 Langen, Tel.: 0 61 03/91 07-0, www.zzf.de, info@zzf.de

Österreich

Herpetologische Terraristische Vereinigung Österreichs (HTVÖ), Postfach 60, A-1225 Wien, Tel.: 00 43-06 64/2 43 66 06, www.htvoe.net, info@htvoe.net

Österreichische Gesellschaft für Herpetologie (ÖGH), c/o Naturhistorisches Museum Wien, Burgring 7, A-1014 Wien, Tel.: 00 43-01/52 17 72 86, www.nhm-wien.ac.at/nhm/herpet/index.htm, andreas.hassl@univie.ac.at

Österreichischer Verband für Vivaristik und Ökologie (ÖVVÖ), Hans Esterbauer (Präsident), Johann-Puch-Straße 27/III/5, A-4400 Steyr, Tel.: 00 43-0 72 52/8 35 44, hans.esterbauer@aon.at

Reptilienverein Austria (RVA), Alexander Svobofa, A-4840 Vöcklabruck, www.rva.at, webmaster@rva.at

Schweiz

IUCN/SSC Amphibia/Reptilia Group, R.E. Honegger, Zoo Zürich, Zürichbergstraße 221, CH-8044 Zürich, www.zoo.ch, zoo@zoo.ch

SWISSHERP, gemeinsame Homepage verschiedener herpetologischer Organisationen in der Schweiz, Dr. Beat Akeret, Katzenruetistraße 5, CH-8153 Ruemlang, Tel.: 00 41-1/8 17 02 57, www.swissherp.org, Admin@swissherp.org

Untersuchungsinstitute

Alphabiocare, Institut für Zoomorphologie, Zellbiologie und Parasitologie, c/o Prof. Dr. Mehlhorn, Universitätsstraße 1, Gebäude 26.03.00.70, 40225 Düsseldorf, Tel.: 02 11/8 11 28 53, mehlhorn@uni-duesseldorf.de

GeVo Diagnostik, Gesellschaft für medizinische und biologische Untersuchungen mbH, Jakobstraße 65, 70794 Filderstadt, Tel.: 0 71 58/6 06 60, www.gevo-diagnostik.de

Laboklin, Mikrobiologisches und parasitologisches Institut, Postfach 18 10, 97668 Bad Kissingen, Tel.: 09 71/7 20 20, www.laboklin.de

Staatliches Veterinäruntersuchungsamt, Dr. Silvia Blahak, Westernfeldstraße 1, 32758 Detmold, Tel.: 0 52 31/91 16 40

Österreich

Veterinärmedizinische Universität Wien, Institut für Biochemie, Prof. Dr. Franz Schwarzenberger, Veterinärplatz 1, A-1210 Wien

Schweiz

Institut für Tierpathologie der Uni Bern, Herr Horst Posthaus, Länggas-Straße 122, CH-3012 Bern, Tel.: 00 41-3 16 31 24 00

Institut für Parasitologie der Universität Zürich, Winterthurerstr. 266a, CH-8057 Zürich, Tel.: 00 41-63 58 50 1, Fax 00 41-63 58 90 7, http://www.unizh.ch/paras/, parasito@vet-paras.unizh.ch

Internet

www.bfn.de
www.geckhoff.de/Freigehege.html.
www.herpindex.com/center/ccare.
html
www.rhampholeon.de
www.skypoint.com/members/mike-frey/calyp.html
www.tieraerzteverband.de/praxis-suche.htm
www.wisia.de

GLOSSAR

adult: geschlechtsreif, erwachsen

Amphigonia retardata: Fähigkeit weiblicher Tiere, männliche Samenzellen für spätere Befruchtungen über einen längeren Zeitraum im Körper lebensfähig zu speichern

Apathie: anhaltender Zustand, in dem auf äußere Einflüsse nicht reagiert wird beziehungsweise diese nicht wahrgenommen scheinen

Art: Einteilungsstufe der Systematik, die der Gattung unter- und der Unterart übergeordnet ist. Biologisch, eine Gruppe von Individuen, die in allen wesentlichen erblichen Merkmalen übereinstimmen und in freier Natur fruchtbare Nachkommen hervorbringen

Bastardisierung: Kreuzen zweier systematischer Gruppen (Arten oder Unterarten)

Chamaeleonidae: Familie der Chamäleons

CITES: Abkürzung für „Convention on International Trade in Endangered Species of Wild Fauna and Flora"

CITES-Bescheinigung: die Bezeichnung für die bis zum 31.05.1997 ausgestellten Bescheinigungen nach Artikel 19 und 22 der Verordnung (EG) 3418/83

Dehydration: Wasserentzug, Austrocknung

Ektoparasit: außen am Körper befindlicher Parasit

Endoparasit: innerhalb des Körpers befindlicher Parasit

et al.: et altera, lateinisch für „und andere". Bei Literaturverweisen genutzt, meist wenn mehr als zwei Autoren mitgewirkt haben

Exkremente: tierische Ausscheidungen, Kot

Familie: Einteilungsstufe der Systematik, die der Unterordnung unter- und der Unterfamilie übergeordnet ist

Faunenverfälschung: eine künstliche Ansiedlung von Arten in einem ihnen nicht angestammten Lebensraum mit bestandsgefährdenden Kon-sequenzen für dortige ursprüngliche Fauna und Flora

Gattung: Einteilungsstufe der Systematik, die der Unterfamilie unter- und der Art übergeordnet ist

Graviditätsfärbung: spezielle Farbgebung während der Trächtigkeit

genetisch: erblich

Gesamtlänge: Maß für die Körperlänge vom Anfang der Schnauze bis zur Schwanzspitze

Geschlechtsdimorphismus: unterschiedliches Aussehen männlicher und weiblicher Individuen

Habitat: räumliches Vorkommen einer Art

Hemipenis: paarlges Geschlechtorgan bei männlichen Echsen und Schlangen

Herpetologie: Wissenschaft von den Amphibien und Reptilien

Hygrometer: Instrument zur Messung

der Luftfeuchtigkeit

Inkubation: Ausbrüten von Eiern unter kontrollierten Bedingungen

Jacobsonsches Organ: paariges Geruchssinnesorgan im Mundhöhlendach

juvenil: jugendlich, noch nicht geschlechtsreif

Kloake: Öffnung zur Ausscheidung von Exkrementen sowie Aufnahme von Spermien

Kommentkampf: ritualisierter Kampf, bei dem die Rangordnung innerhalb der Gruppe festgelegt wird, ohne dass es zu Verletzungen kommt

Kopf-Rumpf-Länge: Maß für die Länge von der Schnauze bis zur Kloake

Kopulation: Begattung, Paarung

lateral: an der Seite befindlich

Legenot: oft tödlich endende, durch Erkrankung oder äußere Umstände bedingte Unfähigkeit, reife Eier abzusetzen

nasal: die Nase betreffend

Parasit: Schädling, der – anders als bei der Symbiose – seinem Wirt schadet

phytophag: Pflanzen fressend

Population: Gesamtheit der Individuen einer Art innerhalb eines bestimmten Gebiets, die eine Fortpflanzungsgemeinschaft bilden

Quarantäne: vorübergehende räumliche Isolation von Tieren, die eine ansteckende Krankheit haben oder haben könnten

Rachitis: Krankheit, bei der sich bei jungen Reptilien Knochen und Panzer durch einen Mangel an Kalzium und/oder Vitamin D_3 auflösen. Bei adulten Tieren Osteoporose genannt

Receptacula seminis: bläschenförmiges Organ in den Eileitern, wo Spermien über Monate gespeichert werden können

Revier: abgegrenztes Gebiet, das ein Tier als sein eigenes betrachtet und entsprechend verteidigt

Ritualkampf: siehe Kommentkampf

Schwanzlänge: Maß von der Kloake bis zum Schwanzende

Schwanzwurzel: Stelle, an welcher der Schwanz in den Körper übergeht

Sekret: Absonderung aus Drüsen

semi: halb

sympatrisch: im selben Lebensraum vorkommend

Synonym: systematisch ungültige alternative wissenschaftliche Bezeichnung

Systematik: Einteilung des Tierreiches nach natürlichen Verwandtschaftsverhältnissen und die daraus resultierende Namensgebung (Taxonomie)

Taxonomie: siehe Systematik

Unterart: kleinste Einteilungsstufe der Systematik, die der Art nachgeordnet ist

Vermiculite: Inkubationsmaterial aus Glimmschiefer

Zeitigung: siehe Inkubation

LITERATURVERZEICHNIS

Folgende Literatur wurde zur Erstellung des Buches verwendet oder kann dem interessierten Leser empfohlen werden.

ALTEVOGT, R. & R. ALTEVOGT (1954): **Studien zur Kinematik der Chamäleonzunge.** – Z. Vergl. Physiol. 36: 66-77

ANDREWS, R. M. (2005): **Incubation Temperature and Sex Ratio of the Veiled Chameleon (***Chamaeleo calyptratus***).** Journal of Herpetology, Vol. 39, No. 3. S. 515-518

- & S. DONOGHUE (2004): **Effects of temperature and moisture on embryonic diapause of the veiled chameleon (***Chamaeleo calyptratus***).** Journal of Experimental Zoology 301A: 629-635

BORELL, E. V. (2000): **Mechanismen der Bewältigung von Stress.** Archiv Tierzucht 43, 441-450.

DICKHOFF, A. & T. DICKHOFF (2007): **Bau eines Zimmergeheges für die Haltung von Jemen- und Pantherchamäleons.** TERRARIA Nr. 8 2(6): 24-34

DIEGEL, I. (2009): http://www.tierarzt-schwolm.de/reptilien/uvb.php

DOST, U. (2000): **Das Jemenchamäleon** - *Chamaeleo calyptratus.* DRACO Terraristik Themenheft Chamäleons 1(1): 52-56

- (2001): Chamäleons. Verlag Eugen Ulmer, Stuttgart, 96 S.

DREWES, O. (2005): **Kompaktwissen Echsen.** VIVARIA Verlag, Meckenheim, S. 54-56

FREY, M. (1995): **Veiled Chameleon** *Chamaeleo calyptratus.* http://www.skypoint.com/members/mikefrey/calyp.html

FREYE, F. L. (2003): **Reptilien richtig füttern.** Verlag Eugen Ulmer, Stuttgart, 128 Seiten

FRITZ, J. P. & F. SCHÜTTE (1987): **Zur Biologie jemenitischer** *Chamaeleo calyptratus* **mit einigen Anmerkungen zum systematischen Status.** Salamandra 23. S. 17-25

GUNDY G. C. & G. Z. WURST (1976): **The Occurrence of Parietal Eyes in Recent Lacertilia.** Journal of Herp. 10(2): 113-121

HEGETSCHWEILER, K. T. (2003): **Altersspezifische Veränderungen im Verhalten des Jemenchamäleons,** *Chamaeleo calyptratus,* **im Zoo Basel.** Diplomarbeit für Natur-, Landschafts- und Umweltschutz, Universität Basel

- JERRMANN, T. & B. BAUR (2003): **Einfluß der pflanzlichen Strukturvielfalt im Terrarium auf die Aktivität und das Verhalten junger Jemenchamäleons (***Chamaeleo calyptratus***).** Urban & Fischer Verlag, Basel. Zool. Garten N. F. 73 (2003) 6, S. 359-367.

HELLENDRUNG, D. (2007): **10 Jahre Haltung und Nachzucht des Jemenchamäleons.** TERRARIA Nr. 8 2(6): 12-19

HERREL, A.; DEBAN, S. M.; SCHAERLAEKEN, V.; TIMMERMANS J.-P. & D. ADRIAENS (2009): **Are morphological specializations of the hyolingual system in chameleons and salamanders tuned to demands on performance?** Physiological and biochemical zoology : PBZ 2009; 82(1): 29-39.

HILLENIUS, D. & J. GASPERETTI (1984): **Reptiles of Saudi Arabia - The Chameleons of Saudi Arabia.** Fauna of Saudi Arabia 6, S. 513-526

HURLEY, T. (2004): *Maui chameleons multiplying.* – Honolulu Advertiser, Honolulu, online Ausgabe, 02.04.2002

KABISCH, K. (1990): **Wörterbuch der Herpetologie.** Gustav Fischer Verlag, Jena, 480 S.

KLAVER, C. & W. BÖHME (1986): **Phylogeny and classification of the Chamaeleonidae (Sauria), with special reference to hemipenis morphology.** Bonn. Zool. Monogr. 22: 1-64

KOBER, I. (2001): **Haltung und Vermehrung des Jemenchamäleons.** Eugen Ulmer Verlag, Stuttgart. DATZ 12/2001, 54. Jg., S. 14-19

KÖHLER, G. (1996): **Krankheiten der Amphibien und Reptilien.** Eugen Ulmer Verlag, Stuttgart.

LEPTIEN, R. (1999): **Einstieg in die Chamäleonhaltung.** REPTILIA Nr.16, S. 51-54

LÖWENBERG, A. (1999): **Exotische Käfer.** bede Verlag, Ruhmannsfelden, 104 S.

LOVE, B. (2007): **Versteckte Invasoren.** TERRARIA Nr. 8 2(6): 20-23

LUTZMANN, N. (2000): **Phytophagie bei Chamäleons.** – Draco 1(1): S. 82.

- (2004): Vibrating behavior in chameleons. Reptilia (GB) Nr. 35, S. 37-38.

- (2007a): **Checkliste zum Erwerb eines Chamäleons.** TERRARIA Nr. 5, 2(2): 86-88

- (2007b): *Chamaeleo calyptratus* – **ein unbekanntes Wesen.** TERRARIA Nr. 8 2(6): 4-11

Masurat, G. (2000): **Chamäleons in menschlicher Obhut. Rückblick und heutiger Stand.** DRACO Terraristik Themenheft Chamäleons 1(1): 32-16

- (2005): **Vermehrung von Chamäleons.** herpeton Verlag, Offenbach, 144 S.

MEERMANN, J. & T. BOOMSMA (1987): **Beobachtungen an *Chamaeleo calyptratus calyptratus* DUMÉRIL & DUMÉRIL, 1851 in der Arabischen Republik Jemen (Sauria: Chamaeleonidae).** Salamandra 23(1): 10-16

NECAS, P. (1991): **Bemerkungen über *Chamaeleo calyptratus calyptratus* DUMÉRIL & DUMÉRIL, 1851.** – herpetofauna 13(73): 6-10

- (1997): *Chamaeleo calyptratus* DUMÉRIL & DUMÉRIL. – Sauria, Suppl., 19(3): 403-408

- (2004): **Chamäleons - Bunte Juwelen der Natur.** Edition Chimaira, Frankfurt, 384 S.

SCHÄTTI, B. (1989): **Amphibien und**

Reptilien aus der Arabischen Republik Jemen und Djibouti. Revue suisse Zool. 96(4), S. 905-937.

- & R. FORTINA (1987) : Herpetologische Beobachtungen in der Arabischen Republik Jemen. Jemen Report. Mitteilung der Deutsch-Jemeniti-schen Gesellschaft e.V. 18(2), S. 28-31

- & J. GASPERETTI (1995): A Contribution-to the Herpetofauna of Southwest Arabia. Fauna of Saudi Arabia 14, S. 362-366

SCHLEICH H. H. & W. KÄSTLE (1979): Hautstrukturen als Kletteranpassun-gen bei *Chamaeleo* und *Cophotis*. Salamandra 15 (2); S. 95-100

SCHMIDT, W. (1996): Das Jemenchamä-leon. REPTILIA 1(2): 61-64

- (1999): *Chamaeleo calyptratus* - Das Jemenchamäleon. Natur- und Tier Verlag, Münster, 80 S.

- & F.-W. HENKEL (2003): Terrarien, Bau und Einrichtung. Verlag Eugen Ulmer, Stuttgart, 168 S.

- TAMM, K. & E. WALLIKEWITZ (2003): Cha-mäleons - Drachen unserer Zeit. Natur- und Tier Verlag, Münster, 3. Auflage, 160 S.

SCHNEIDER, C. (2006): Nachzucht des Jemenchamäleons. Elaphe 2/2006 S. 23-31

- (2007): Das Jemenchamäleon - *Chamaeleo calyptratus*. Natur- und Tier Verlag, Münster, 64 S.

SEILER, C.; BRADLER, S. & R. KOCH (2000): Phasmiden. bede Verlag, Ruhmanns-felden, 144 S.

TREMPER, R. (2002): Veiled Chameleon Care Sheet. Center for Reptile & Am-phibian Propagation, Boerne, Texas. http://www.herpindex.com/center/ccare.html

ULBER, E. (1996): Insektenfressende Echsen im Terrarium. bede Verlag, Ruhmannsfelden, 64 S.

WAINWRIGHT, P. C., KRAKLAU, D. M. & A. F. BENNETT (1991): Kinematics of tongue projection in *Chamaeleo oustaleti*. J. exp. Biol. 159: 109-133

STICHWORT-VERZEICHNIS

Die fett gedruckten Seitenzahlen verweisen auf Fotos.

BILDQUELLEN-NACHWEIS

Zur Vereinfachung wird Seite mit „S.",
oben mit „o.", unten mit „u.", links mit
„li." und rechts mit „re." abgekürzt.

Foto Cover: Trapp, Benny

Dahm, Wolfgang: S. 46, 51 re., 52 li.
o., 52 re., 54
Dehne, Axel: S. 5, 6
Dohse Aquaristik KG: S. 29, 31, 32,
33, 49
Esser, Sascha: S. 47, 48
Gomboc, Gasper: S. 44
Hartung, Timo: S. 11, 19, 59
Kaub, Birgit: S. 7, 22, 24
Leptien, Rolf: S. 10 o. + u., 34
Reif, Jens: S. 1
Schauer, Florian: S. 51 li.
Schiffer, Patrick: S. 43
Szynka, Birgit: S. 27
Trapp, Benny: S. 52 li. u.
Troidl, Angelika & Siegfried: S. 45
Wiese, Frank: S. 40

DANKSAGUNG

Großer Dank gilt zunächst den Personen und Firmen, die mit der Bereitstellung von Fotomaterial zur reichhaltigen Bebilderung dieses Buches beigetragen haben. Bedanken möchten wir uns auch bei Siegfried Reinshagen (Wuppertal), in dessen Zoofachgeschäft das Titelbild dieses Buches aufgenommen werden durfte. Kai Bühlmeyer (Bonn) danken wir dafür, dass er uns miteinander bekannt gemacht hat. Michael Barej (Bonn) danken wir für Anregungen und Diskussionen nach Durchsicht des Manuskriptes. Herrn Wolfgang Dahm (Roisdorf) gilt Dank für die Überlassung der von ihm gesammelten Daten und viele fruchtbare Diskussionen. Thomas Grundtner (Bonn), dem museums-eigenen Gärtner, sei noch einmal für die Tipps zur Wahl der Bepflanzung und Prof. Dr. Wolfgang Böhme (Bonn) für die Bereitstellung von Literatur gedankt. Besonderer Dank gilt dem Lektor Dr. Nicolá Lutzmann (Heidelberg), der durch seinen Kenntnisstand und seine Studien aus dem Herkunftsgebiet der Art wertvolle Verbesserungs- und Überarbeitungsvorschläge machen konnte.

DIE AUTOREN

Sascha Esser, geboren 1976 in Kerpen, leitet nach der Ausbildung im Kölner Zoo, dem Zivildienst im Otterzentrum in Hankelsbüttel und einer kurzen Beschäftigung im Heidelberger Zoo seit 2001 das Tierhaus des Zoologischen Forschungsinstitutes Museum Alexander Koenig in Bonn. Seit dem Kindesalter interessiert er sich für die Tierhaltung, musste sich aber bis zum Beginn seiner Lehre im Elternhaus auf die Pflege von Wasserschildkröten und Molchen beschränken. Heute hält er verschiedene Terrarientiere, beschäftigt sich aber hauptsächlich mit der Haltung von Chamäleons, Riesenschlangen und Geckos. Im Rahmen seiner beruflichen Tätigkeit zieht er jährlich Dutzende von Jemenchamäleons auf.

Auch Oliver Drewes, geboren 1970 in Haan, begeistert sich seit frühestem Kindesalter für die Zierfisch- und Terrarientierhaltung. Nach dem Abitur 1990 fiel ihm die Wahl zwischen einem Biologie- oder Grafikdesignstudium schwer. Er entschied sich dann allerdings für keines von beiden, sondern stattdessen für die Ausbildung zum Industriekaufmann und ein Studium der Betriebswirtschaft. Seit 1999 arbeitet er in einem Traditionsunternehmen der Heimtierbranche mit Aquaristik- und Terraristikprodukten und ist dort als Prokurist tätig. Oliver Drewes arbeitete als Autor für den Wachtberg Verlag sowie den Gräfe und Unzer Verlag. 2005 gründete er den VIVARIA Verlag.

Publikationen des VIVARIA Verlags:

Drewes, Oliver: 96 S., 90 Abb.
VIVARIA Verlag 2006, ISBN 978-3-9810412-1-7

KOMPAKTWISSEN TAGGECKOS beschreibt mit über 80 Farbfotos die beliebtesten Phelsumen. Für alle, die sich auch für andere Arten als *Phelsuma madagascariensis grandis* interessieren.

Laue, Esther: 96 S., 48 Abb.
VIVARIA Verlag 2007, ISBN 978-3-9810412-2-4

DIE CHINESISCHE BERGAGAME stellt mit 38 Farbfotos die beliebte Art vor. Für herausragende Zuchterfolge wurde die Autorin 2004 mit dem Alfred-A.-Schmidt-Preis ausgezeichnet.

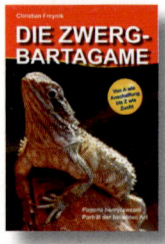

Freynik, Christian, 64 S., 37 Abb.
VIVARIA Verlag 2007, ISBN 978-3-9810412-4-8

DIE ZWERGBARTAGAME vermittelt mit 34 Farbfotos Grundlagen der Haltung sowie Basiswissen über Klimaansprüche, Pflege und Ernährung der zunehmend beliebten Art.

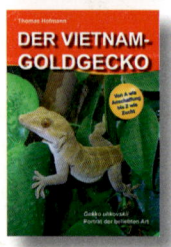

Hofmann, Thomas, 64 S., 48 Abb.
VIVARIA Verlag 2007, ISBN 978-3-9810412-9-3

DER VIETNAM-GOLDGECKO befasst sich, ausgestattet mit 44 Farbfotos, mit Haltung, Pflege, Ernährung und Zucht der in den letzten Jahren immer öfter angebotenen Art.

Glaß, Michael, 144 S., 148 Abb.
VIVARIA Verlag 2007, ISBN 978-3-9810412-6-2

KORNNATTERN UND IHRE FARB- UND ZEICHNUNGSVARIANTEN gibt nach Darstellung der allgemeinen Haltungsgrundlagen tiefen Einblick in das Thema Auswahl- und Mutationszucht.